健康育儿全方案

养出孩子的抗病力

高敬荣 王海青 主编

图书在版编目（C I P）数据

养出孩子的抗病力 / 高敬荣，王海青主编 . -- 哈尔滨 : 黑龙江科学技术出版社，2024.4
ISBN 978-7-5719-2314-3

Ⅰ . ①养… Ⅱ . ①高… ②王… Ⅲ . ①婴幼儿—哺育普及读物 Ⅳ . ① TS976.31-49

中国国家版本馆 CIP 数据核字 (2024) 第 051901 号

养出孩子的抗病力
YANGCHU HAIZI DE KANGBINGLI
高敬荣　王海青　主编

出　　版　黑龙江科学技术出版社
出 版 人　薛方闻
地　　址　哈尔滨市南岗区公安街 70-2 号
邮　　编　150007
电　　话　（0451）53642106
网　　址　www.lkcbs.cn

责任编辑　马远洋
设　　计　深圳 · 弘艺文化 HONGYI CULTURE
印　　刷　哈尔滨市石桥印务有限公司
发　　行　全国新华书店
开　　本　710mm × 1000mm
印　　张　10.5
字　　数　150 千字
版次印次　2024 年 4 月第 1 版　2024 年 4 月第 1 次
书　　号　ISBN 978-7-5719-2314-3
定　　价　45.00 元

编委

以下编委排名不分先后，感谢各位编委为本书出版付出的努力！

徐金玉

公共营养师，健康管理师，擅长备孕、孕期、婴幼儿营养指导和健康科普讲座，举办各类营养健康讲座1500余场。

王阳春

中医理疗师，健康管理师，食育讲师，擅长中医理疗和健康科普讲座，社区公益课和健康科普讲座累计800余场。

余鲜英

高级公共营养师，高级健康管理师，国家卫健委营养指导员，家庭教育指导师，擅长营养指导、健康饮食生活搭配和营养健康知识科普等，举办和参加各种营养健康讲座达上千场等。

杨丹梅

儿童营养师，健康管理师讲师，公共营养师讲师，体重管理教练，擅长慢病调理和体重管理。

滕　敏

功能医学健康管理师，注册营养师，中国营养学会体重管理教练，担任深圳多家中小学幼儿园食育课主讲教师，负责营养知识、健康生活方式、饮食文化和礼仪、食品安全等教育。

刘　瑶

高级健康管理师，公共营养师，健康管理公司创始人，擅长慢病调理和健康教育培训。

郑锦程

健康管理师，公共营养师，茶艺师，评茶师，擅长营养指导和急救知识普及。

李翠芳

公共营养师，健康管理师，茶艺师，国家二级心理咨询师，中级养老护理员，中级保育师。

邹　荣

广州中医药大学中医本科毕业，高级健康管理师，高级公共营养师，专注母婴儿童健康管理8年，擅长“中医＋营养”健康管理，社区及学校营养健康培训场次达500+。

序言

随着经济的飞速发展，人们的收入不断增加，市场上食品供应充足，孩子的营养状况不断得到改善，但同时也发生了新的问题：总体上营养改善了，部分儿童的抗病力却不足。

营养在儿童的生长发育过程中扮演了重要的角色，对儿童的体格发育、智力发育及社会心理发育和健康状况均有十分重要的作用，甚至对成年后的健康状况也起到深远的影响。儿童营养是社会和家庭关注的焦点，也是衡量国家综合国力的重要指标之一。营养不良会严重影响儿童的健康、生长发育，而且容易引发各种慢性疾病。

儿童处在不断的生长发育过程之中，需要不停地消耗热量和各种营养物质，可是在丰富的物质供应和琳琅满目的食品面前，不少家长由于缺乏营养方面的知识而存在不少误区，虽然付出很大的经济代价，却收效甚微，反而给孩子的健康成长带来了负面影响，严重的甚至造成了儿童的智力发育迟缓。

在多年的健康教育与咨询中，我遇到的很多妈妈在学习了健康知识以后都惋惜当初，说如果在怀孕前就学到健康知识那该多好；又遇到太多的妈妈咨询孩子健康的问题。于是开始有了出版一本关于孩子健康的书的想法，希望能帮助到更多的妈妈与孩子。这个想法得到了同行业很多朋友的认可，大家都很支持，在整个编写过程中也得到了多位同行和知名健康达人的帮助，甚是感恩。

孩子的健康问题基本跟免疫力有关系，提高孩子的抗病能力就可以让孩子健康成长，所以有了本书的主题“养出孩子的抗病力”。

本书是一本健康育儿科普书，适合所有关注孩子健康的人士阅读。从本书中，我们可以全方位了解到有关孩子的抗病力的各方面知识：通过对抗病力的认识，了解各种因为抗病能力低而容易发生的健康问题；认识与抗病力相关的营养素与各类食物；提高儿童抗病力的三餐搭配营养餐；通过合理运动，打造孩子优良的身形体态，完善抗病力；从生活习惯与情绪管理等方面全力提高抗病力……

目录

第 1 章 “抗病力”到底是什么?

第 2 章　超级营养素及食物，打造孩子的超级抗病力

第 3 章　三餐搭配好，增强抗病力

第 4 章　运动打造优良身形体态，完善抗病力

第 5 章　助力孩子方方面面，全力提高抗病力

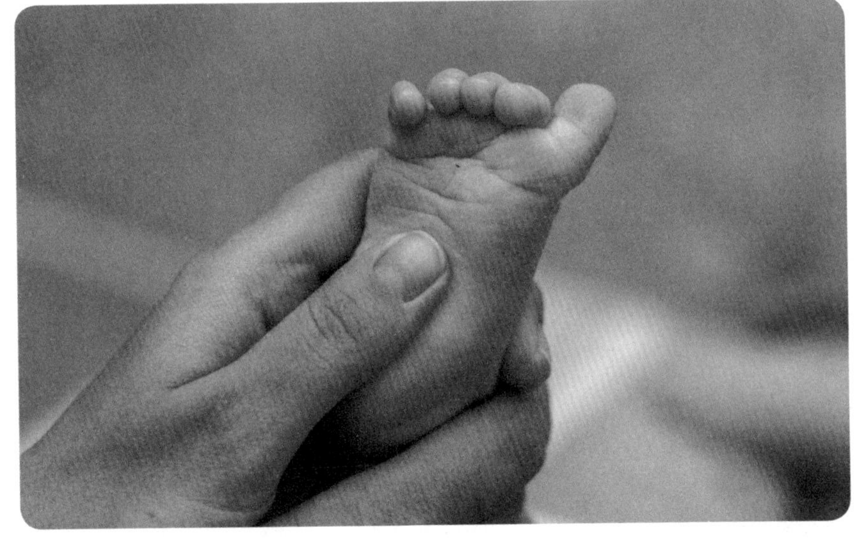

第1章
“抗病力”到底是什么？

抗病力 = 保护身体的能力

为什么有的孩子小病不断，而有的孩子却很少生病呢？其实这与孩子自身的抗病力密不可分。抗病力相当于身体的“保护罩”，能够抵御外界的病毒、细菌等，如果这层保护罩足够结实，孩子自然就会很少生病。

什么是抗病力？

孩子出生时，每一对父母都希望孩子能够健健康康长大，可是我们会发现，几乎每一位宝宝在生长过程中都要经历生病，其实这也是孩子免疫力在不断完善的过程。免疫力，我们也可以简单称之为“抗病力”，就是抵抗各种疾病的能力。我们身边总有这样的例子，有的孩子出生后经常跑医院，而有些孩子从出生开始相比同龄孩子就很少生病，即使生病也能很快恢复，这就是我们所说的抗病力强。其实孩子的抗病力不是出生后就一成不变的，它和孩子的营养状态息息相关，为孩子补充足够的营养不仅有助于提高他的抗病力，还可以在孩子生病时帮助他更快康复。很多家长认为，孩子生病后需要在药物的帮助下才能康复，但实际上，药物只能帮助孩子缓解生病不舒服的症状，真正的恢复靠的还是孩子自身的抗病力，而抗病力需要的是营养，所以孩子生病时更应该关注孩子的三餐吃什么，有了充足的营养才能够恢复得更快。

抗病系统由什么组成?

人体的抗病系统也就是免疫系统，主要包含免疫组织、免疫细胞和免疫器官。免疫系统的第一道防线是免疫组织，包含了皮肤和黏膜，阻挡病原体的入侵，还可以杀死一些细菌；第二道防线是免疫细胞，包含了B细胞和T细胞，可以产生体液免疫和细胞免疫，用来阻挡病原体对身体的伤害；第三道防线是免疫器官，包含了骨髓、胸腺、脾脏、淋巴结等，这些也是免疫系统最主要的结构，维持了我们免疫系统的正常功能，这道防线是孩子出生后才会产生的，这些器官是随着身体的生长发育而逐渐成熟的。也就是说，孩子的抗病力和年龄是直接相关的，随着年龄的增长，免疫器官功能会逐渐完善，生病的次数也会相对减少。

与孩子的抗病力相关的另一个因素就是营养。2020年全民营养周以“合理膳食、免疫基石”为主题，中国营养学会理事长杨月欣教授提出合理膳食是免疫的基石，营养素是免疫系统的物质基础，也谈到了常见的营养和免疫功能的关系。蛋白质是免疫物质的基础，日常生活中常吃的肉、蛋、奶、豆类及豆制品等都含有优质蛋白质。维生素C是免疫物质形成的催化剂，西蓝花、西红柿、猕猴桃、橙子、草莓等的维生素C含量较为丰富。维生素A是抗病系统第一道防线的守护神，动物肝脏、鱼肝油、胡萝卜、南瓜、西蓝花、菠萝等富含维生素A或者含有可以转化为维生素A的胡萝卜素。B族维生素是免疫系统的助手，全谷物、蛋奶类和动物内脏中的B族维生素含量较为丰富。锌是调节免疫力的好帮手，带壳的海产品富含锌，生蚝和牡蛎中锌的含量比普通食物高很多，菌菇类、动物肝脏、瘦肉等食物的含锌量也不低。铁是免疫抗体形成的有力后盾，缺铁性贫血的孩子一般抗病力比较差，很

容易生病。补铁要多吃动物肝脏、动物血以及红肉，如猪瘦肉和牛肉。维生素E是免疫力的调节剂，一方面可以清除机体自由基，另一方面可阻止脂质过氧化的形成，保护机体细胞膜免受过氧化损伤。坚果、豆类、植物油中富含维生素E。硒是增强免疫力的全能型高手，具有抗氧化性，可促进有毒的过氧化物转变为无毒的氢化物，以维持免疫细胞的正常功能。此外，硒还可增强淋巴细胞、自然杀伤细胞的活性，刺激免疫球蛋白的形成，从而增强抗病力。硒在一些海产品及动物内脏中的含量比较丰富。

抗病力越强越好?

抗病力越强越好吗？其实不然。如果抗病力过强，超出边界值，也就是当我们的免疫系统处在过强状态时，其实也是不好的。例如很多孩子会出现过敏问题，其实就是因为免疫系统太过敏感，这是免疫系统的应激表现。因此，免疫力应该维持在一个正常的区间。

抗病力和遗传有关吗?

抗病力和遗传是有很大关系的。我们经常说生命最初的1000天决定了孩子一生的健康基础，这1000天其实是从妈妈怀孕开始计算的，甚至有些研究发现，孩子的健康状况和妈妈怀孕之前10年的营养状态相关。由此可见，与抗病力相关的遗传因素主要来自母体带来的营养储备。此外，孩子出生之后，喂养人固有的一些饮食习惯和养育方式也都和孩子的抗病力相关。

各年龄层孩子抗病力的生理状态

不同年龄段孩子的抗病力不同。孩子出生到6个月之间，孩子的抗病力主要通过胎盘带来的IgG以及部分自身产生的IgG；6个月到6岁这个阶段处于免疫

功能不全期，我们会发现这个阶段孩子生病的概率很高，很容易感染疾病；6岁到12岁这个阶段的抗病力趋向于稳定，一般不太容易感染疾病；12岁以后已经相对稳定。所以孩子的抗病力会随着体格发育过程而不断完善，随着体格不断发育，抗病力不断提升。其实没有一个准确的指标数据来反映抗病力水平的高低，体格发育的数据可以作为一个参考，一般我们发现体格发育好的孩子抗病力相对较好。

孩子每个阶段的身高体重变化都是不同的。从刚出生到6个月，平均每个月身高会增长2~3厘米，6个月之后平均每个月长1厘米，1岁以后平均每年的身高增长是在7~10厘米。孩子应该在妇幼保健院或者社区卫生服务中心定期做体检，身高、体重是必不可少的检查项目。家长可以参考孩子的生长曲线所在的位置判断孩子是否存在生长发育迟缓。

儿童身高体重变化能够反映体格的发育水平，主要分为三个阶段：

- 相对稳定期。在青春期之前，身高体重的增长持续而且稳定，平均每年身高增长 5~7 厘米，体重增长 2~3 千克。
- 生长的突增期。这是青春期的一个重要表现，进入突增高峰的时候，身高一年可以增长 10~14 厘米，体重一年可以增长 8~10 千克。
- 生长停滞期。自青春期中后期开始，身高与体重一般逐渐停止了增长。

以下表格是首都儿科研究所生长发育研究室制作的，可以根据孩子的年龄、性别、身高、体重来判断其生长发育情况。

0~18 岁儿童青少年身高、体重百分位数值表（男）

年龄	3rd	10th	25th	50th	75th	90th	97th
	身高 / 厘米 体重 / 千克	身高 / 厘米 体重 / 千克	身高 / 厘米 体重 / 千克	身高 / 厘米 体重 / 千克	身高 / 厘米 体重 / 千克	身高 / 厘米 体重 / 千克	身高 / 厘米 体重 / 千克
出生	47.1	48.1	49.2	50.4	51.6	52.7	53.8
	2.62	2.83	3.06	3.32	3.59	3.85	4.12
2 月	54.6	55.9	57.2	58.7	60.3	61.7	63.0
	4.53	4.88	5.25	5.68	6.15	6.59	7.05
4 月	60.3	61.7	63.0	64.6	66.2	67.6	69.0
	5.99	6.43	6.90	7.45	8.04	8.61	9.20
6 月	64.0	65.4	66.8	68.4	70.0	71.5	73.0
	6.80	7.28	7.80	8.41	9.07	9.70	10.37
9 月	67.9	69.4	70.9	72.6	74.4	75.9	77.5
	7.56	8.09	8.66	9.33	10.06	10.75	11.49
12 月	71.5	73.1	74.7	76.5	78.4	80.1	81.8
	8.16	8.72	9.33	10.05	10.83	11.58	12.37
15 月	74.4	76.1	77.8	79.8	81.8	83.6	85.4
	8.68	9.27	9.91	10.68	11.51	12.30	13.15
18 月	76.9	78.7	80.6	82.7	84.8	86.7	88.7
	9.19	9.81	10.48	11.29	12.16	13.01	13.90
21 月	79.5	81.4	83.4	85.6	87.9	90.0	92.0
	9.71	10.37	11.08	11.93	12.86	13.75	14.70
2 岁	82.1	84.1	86.2	88.5	90.9	93.1	95.3
	10.22	10.90	11.65	12.54	13.51	14.46	15.46
2.5 岁	86.4	88.6	90.8	93.3	95.9	98.2	100.5
	11.11	11.85	12.66	13.64	14.70	15.73	16.83
3 岁	89.7	91.9	94.2	96.8	99.4	101.8	104.1
	11.94	12.74	13.61	14.65	15.80	16.92	18.12
3.5 岁	93.4	95.7	98.0	100.6	103.2	105.7	108.1
	12.73	13.58	14.51	15.63	16.86	18.08	19.38

注：3rd、5th、10th、25th、50th、75th、90th、95th、97th 代表身高体重百分位数值，3rd~97th 之间为正常范围。

年龄	3rd	10th	25th	50th	75th	90th	97th
	身高 / 厘米	身高 / 厘米	身高 / 厘米	身高 / 厘米	身高 / 厘米	身高 / 厘米	身高 / 厘米
	体重 / 千克	体重 / 千克	体重 / 千克	体重 / 千克	体重 / 千克	体重 / 千克	体重 / 千克
4 岁	96.7	99.1	101.4	104.1	106.9	109.3	111.8
	13.52	14.43	15.43	16.64	17.98	19.29	20.71
4.5 岁	100.0	102.4	104.9	107.7	110.5	113.1	115.7
	14.37	15.35	16.43	17.75	19.22	20.67	22.24
5 岁	103.3	105.8	108.4	111.3	114.2	116.9	119.6
	15.26	16.33	17.52	18.98	20.61	22.23	24.00
5.5 岁	106.4	109.0	111.7	114.7	117.7	120.5	123.3
	16.09	17.26	18.56	20.18	21.98	23.81	25.81
6 岁	109.1	111.8	114.6	117.7	120.9	123.7	126.6
	16.80	18.06	19.49	21.26	23.26	25.29	27.55
6.5 岁	111.7	114.5	117.4	120.7	123.9	126.9	129.9
	17.53	18.92	20.49	22.45	24.70	27.00	29.57
7 岁	114.6	117.6	120.6	124.0	127.4	130.5	133.7
	18.48	20.04	21.81	24.06	26.66	29.35	32.41
7.5 岁	117.4	120.5	123.6	127.1	130.7	133.9	137.2
	19.43	21.17	23.16	25.72	28.70	31.84	35.45
8 岁	119.9	123.1	126.3	130.0	133.7	137.1	140.4
	20.32	22.24	24.46	27.33	30.71	34.31	38.49
8.5 岁	122.3	125.6	129.0	132.7	136.6	140.1	143.6
	21.18	23.28	25.73	28.91	32.69	36.74	41.49
9 岁	124.6	128.0	131.4	135.4	139.3	142.9	146.5
	22.04	24.31	26.98	30.46	34.61	39.08	44.35
9.5 岁	126.7	130.3	133.9	137.9	142.0	145.7	149.4
	22.95	25.42	28.31	32.09	36.61	41.49	47.24
10 岁	128.7	132.3	136.0	140.2	144.4	148.2	152.0
	23.89	26.55	29.66	33.74	38.61	43.85	50.01
10.5 岁	130.7	134.5	138.3	142.6	147.0	150.9	154.9
	24.96	27.83	31.20	35.58	40.81	46.40	52.93

年龄	3rd	10th	25th	50th	75th	90th	97th
	身高 / 厘米	身高 / 厘米	身高 / 厘米	身高 / 厘米	身高 / 厘米	身高 / 厘米	身高 / 厘米
	体重 / 千克	体重 / 千克	体重 / 千克	体重 / 千克	体重 / 千克	体重 / 千克	体重 / 千克
11 岁	132.9	136.8	140.8	145.3	149.9	154.0	158.1
	26.21	29.33	32.97	37.69	43.27	49.20	56.07
11.5 岁	135.3	139.5	143.7	148.4	153.1	157.4	161.7
	27.59	30.97	34.91	39.98	45.94	52.21	59.40
12 岁	138.1	142.5	147.0	151.9	157.0	161.5	166.0
	29.09	32.77	37.03	42.49	48.86	55.50	63.04
12.5 岁	141.1	145.7	150.4	155.6	160.8	165.5	170.2
	30.74	34.71	39.29	45.13	51.89	58.90	66.81
13 岁	145.0	149.6	154.3	159.5	164.8	169.5	174.2
	32.82	37.04	41.90	48.08	55.21	62.57	70.83
13.5 岁	148.8	153.3	157.9	163.0	168.1	172.7	177.2
	35.03	39.42	44.45	50.85	58.21	65.80	74.33
14 岁	152.3	156.7	161.0	165.9	170.7	175.1	179.4
	37.36	41.80	46.90	53.37	60.83	68.53	77.20
14.5 岁	155.3	159.4	163.6	168.2	172.8	176.9	181.0
	39.53	43.94	49.00	55.43	62.86	70.55	79.24
15 岁	157.5	161.4	165.4	169.8	174.2	178.2	182.0
	41.43	45.77	50.75	57.08	64.40	72.00	80.60
15.5 岁	159.1	162.9	166.7	171.0	175.2	179.1	182.8
	43.05	47.31	52.19	58.39	65.57	73.03	81.49
16 岁	159.9	163.6	167.4	171.6	175.8	179.5	183.2
	44.28	48.47	53.26	59.35	66.40	73.73	82.05
16.5 岁	160.5	164.2	167.9	172.1	176.2	179.9	183.5
	45.30	49.42	54.13	60.12	67.05	74.25	82.44
17 岁	160.9	164.5	168.2	172.3	176.4	180.1	183.7
	46.04	50.11	54.77	60.68	67.51	74.62	82.70
18 岁	161.3	164.9	168.6	172.7	176.7	180.4	183.9
	47.01	51.02	55.60	61.40	68.11	75.08	83.00

0~18 岁儿童青少年身高、体重百分位数值表（女）

年龄		3rd	10th	25th	50th	75th	90th	97th
		身高 / 厘米 体重 / 千克	身高 / 厘米 体重 / 千克	身高 / 厘米 体重 / 千克	身高 / 厘米 体重 / 千克	身高 / 厘米 体重 / 千克	身高 / 厘米 体重 / 千克	身高 / 厘米 体重 / 千克
出生	身高	46.6	47.5	48.6	49.7	50.9	51.9	53.0
	体重	2.57	2.76	2.96	3.21	3.49	3.75	4.04
2 月	身高	53.4	54.7	56.0	57.4	58.9	60.2	61.6
	体重	4.21	4.50	4.82	5.21	5.64	6.06	6.51
4 月	身高	59.1	60.3	61.7	63.1	64.6	66.0	67.4
	体重	5.55	5.93	6.34	6.83	7.37	7.90	8.47
6 月	身高	62.5	63.9	65.2	66.8	68.4	69.8	71.2
	体重	6.34	6.76	7.21	7.77	8.37	8.96	9.59
9 月	身高	66.4	67.8	69.3	71.0	72.8	74.3	75.9
	体重	7.11	7.58	8.08	8.69	9.36	10.01	10.71
12 月	身高	70.0	71.6	73.2	75.0	76.8	78.5	80.2
	体重	7.70	8.20	8.74	9.40	10.12	10.82	11.57
15 月	身高	73.2	74.9	76.6	78.5	80.4	82.2	84.0
	体重	8.22	8.75	9.33	10.02	10.79	11.53	12.33
18 月	身高	76.0	77.7	79.5	81.5	83.6	85.5	87.4
	体重	8.73	9.29	9.91	10.65	11.46	12.25	13.11
21 月	身高	78.5	80.4	82.3	84.4	86.6	88.6	90.7
	体重	9.26	9.86	10.51	11.30	12.17	13.01	13.93
2 岁	身高	80.9	82.9	84.9	87.2	89.6	91.7	93.9
	体重	9.76	10.39	11.08	11.92	12.84	13.74	14.71
2.5 岁	身高	85.2	87.4	89.6	92.1	94.6	97.0	99.3
	体重	10.65	11.35	12.12	13.05	14.07	15.08	16.16
3 岁	身高	88.6	90.8	93.1	95.6	98.2	100.5	102.9
	体重	11.50	12.27	13.11	14.13	15.25	16.36	17.55
3.5 岁	身高	92.4	94.6	96.8	99.4	102.0	104.4	106.8
	体重	12.32	13.14	14.05	15.16	16.38	17.59	18.89

注：3rd、5th、10th、25th、50th、75th、90th、95th、97th 代表身高体重百分位数值，3rd~97th 之间为正常范围。

	3rd	10th	25th	50th	75th	90th	97th
年龄	身高 / 厘米	身高 / 厘米	身高 / 厘米	身高 / 厘米	身高 / 厘米	身高 / 厘米	身高 / 厘米
	体重 / 千克	体重 / 千克	体重 / 千克	体重 / 千克	体重 / 千克	体重 / 千克	体重 / 千克
4 岁	95.8	98.1	100.4	103.1	105.7	108.2	110.6
	13.10	13.99	14.97	16.17	17.50	18.81	20.24
4.5 岁	99.2	101.5	104.0	106.7	109.5	112.1	114.7
	13.89	14.85	15.92	17.22	18.66	20.10	21.67
5 岁	102.3	104.8	107.3	110.2	113.1	115.7	118.4
	14.64	15.68	16.84	18.26	19.83	21.41	23.14
5.5 岁	105.4	108.0	110.6	113.5	116.5	119.3	122.0
	15.39	16.52	17.78	19.33	21.06	22.81	24.72
6 岁	108.1	110.8	113.5	116.6	119.7	122.5	125.4
	16.10	17.32	18.68	20.37	22.27	24.19	26.30
6.5 岁	110.6	113.4	116.2	119.4	122.7	125.6	128.6
	16.80	18.12	19.60	21.44	23.51	25.62	27.96
7 岁	113.3	116.2	119.2	122.5	125.9	129.0	132.1
	17.58	19.01	20.62	22.64	24.94	27.28	29.89
7.5 岁	116.0	119.0	122.1	125.6	129.1	132.3	135.5
	18.39	19.95	21.71	23.93	26.48	29.08	32.01
8 岁	118.5	121.6	124.9	128.5	132.1	135.4	138.7
	19.20	20.89	22.81	25.25	28.05	30.95	34.23
8.5 岁	121.0	124.2	127.6	131.3	135.1	138.5	141.9
	20.05	21.88	23.99	26.67	29.77	33.00	36.69
9 岁	123.3	126.7	130.2	134.1	138.0	141.6	145.1
	20.93	22.93	25.23	28.19	31.63	35.26	39.41
9.5 岁	125.7	129.3	132.9	137.0	141.1	144.8	148.5
	21.89	24.08	26.61	29.87	33.72	37.79	42.51
10 岁	128.3	132.1	135.9	140.1	144.4	148.2	152.0
	22.98	25.36	28.15	31.76	36.05	40.63	45.97
10.5 岁	131.1	135.0	138.9	143.3	147.7	151.6	155.6
	24.22	26.80	29.84	33.80	38.53	43.61	49.59

年龄	3rd	10th	25th	50th	75th	90th	97th
	身高 / 厘米 体重 / 千克	身高 / 厘米 体重 / 千克	身高 / 厘米 体重 / 千克	身高 / 厘米 体重 / 千克	身高 / 厘米 体重 / 千克	身高 / 厘米 体重 / 千克	身高 / 厘米 体重 / 千克
11 岁	134.2	138.2	142.2	146.6	151.1	155.2	159.2
	25.74	28.53	31.81	36.10	41.24	46.78	53.33
11.5 岁	137.2	141.2	145.2	149.7	154.1	158.2	162.1
	27.43	30.39	33.86	38.40	43.85	49.73	56.67
12 岁	140.2	144.1	148.0	152.4	156.7	160.7	164.5
	29.33	32.42	36.04	40.77	46.42	52.49	59.64
12.5 岁	142.9	146.6	150.4	154.6	158.8	162.6	166.3
	31.22	34.39	38.09	42.89	48.60	54.71	61.86
13 岁	145.0	148.6	152.2	156.3	160.3	164.0	167.6
	33.09	36.29	40.00	44.79	50.45	56.46	63.45
13.5 岁	146.7	150.2	153.7	157.6	161.6	165.1	168.6
	34.82	38.01	41.69	46.42	51.97	57.81	64.55
14 岁	147.9	151.3	154.8	158.6	162.4	165.9	169.3
	36.38	39.55	43.19	47.83	53.23	58.88	65.36
14.5 岁	148.9	152.2	155.6	159.4	163.1	166.5	169.8
	37.71	40.84	44.43	48.97	54.23	59.70	65.93
15 岁	149.5	152.8	156.1	159.8	163.5	166.8	170.1
	38.73	41.83	45.36	49.82	54.96	60.28	66.30
15.5 岁	149.9	153.1	156.5	160.1	163.8	167.1	170.3
	39.51	42.58	46.06	50.45	55.49	60.69	66.55
16 岁	149.8	153.1	156.4	160.1	163.8	167.1	170.3
	39.96	43.01	46.47	50.81	55.79	60.91	66.69
16.5 岁	149.9	153.2	156.5	160.2	163.8	167.1	170.4
	40.29	43.32	46.76	51.07	56.01	61.07	66.78
17 岁	150.1	153.4	156.7	160.3	164.0	167.3	170.5
	40.44	43.47	46.90	51.20	56.11	61.15	66.82
18 岁	150.4	153.7	157.0	160.6	164.2	167.5	170.7
	40.71	43.73	47.14	51.41	56.28	61.28	66.89

孩子抗病力低下易患的病症及应对方案

抗病力较低的孩子会经常感冒、发热、厌食、咳嗽、腹泻等。父母需要在孩子生病期间细心照料，及时帮孩子进行调理，这样孩子才能更快地恢复健康。

发热

每个孩子在生长发育的过程中都会经历发热，尤其是孩子6个月以后，几乎每一位妈妈都有过彻夜不眠地帮孩子测体温的经历。作为营养师，在我的孩子出生之前，其实我已经阅读了大量关于儿童健康方面的书籍，也理解生病是孩子生长发育过程中必不可少的，但是当我真正面对孩子发热的时候，心里也还是非常着急。好在我了解发热的原因，所以每当孩子发热时，都能够平稳地度过。

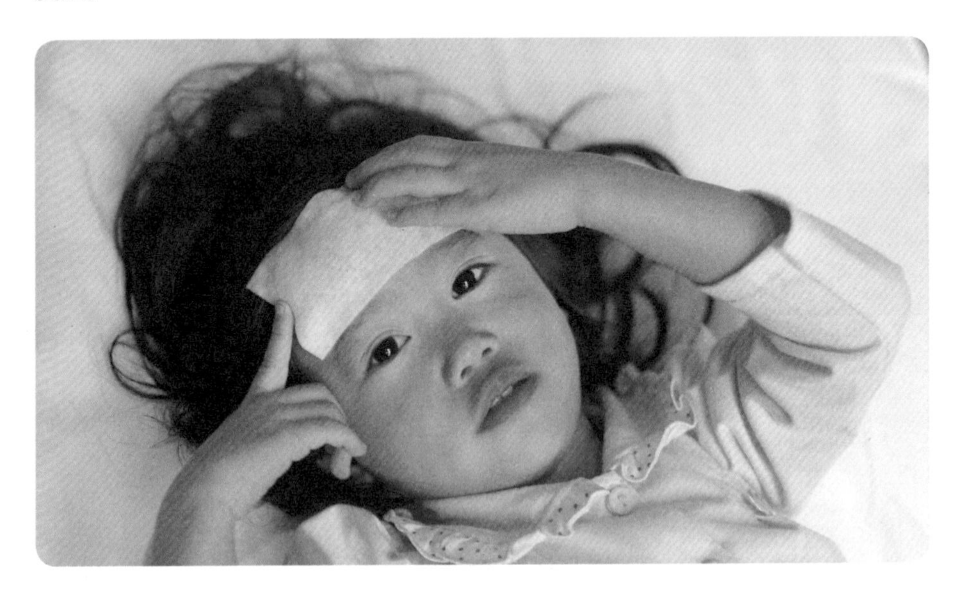

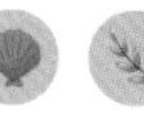

爸爸妈妈们要有一个正确的认知，发热其实只是一种症状，而孩子每一次发热后，你会发现他的免疫系统其实会变得更强大。从孩子出生到6个月这段时间，其抵抗疾病的抗体来自母体。一般来说，母乳喂养的孩子能够获得更多的抗体。所以，孩子在出生后6个月内发热的概率是比较低的。6个月以后，从母体带来的抗体逐渐失去作用，孩子自身的抗病系统又比较弱，发热就会比较常见，尤其是孩子上学以后，容易出现交叉感染，更易导致发热。我曾经遇到过这样的家长，为了不让孩子生病，选择推迟上幼儿园。其实我是不赞成这种做法的，因为我们不可能为孩子提供一个真空的环境。偶尔生病发热是很正常的，每一次的发热其实会让孩子的抗病系统变得更强大。

很多妈妈非常害怕孩子发热，因为听信了传言，如发热容易烧坏脑子，让孩子变傻。其实这种说法是没有科学依据的。孩子因发热导致的脑损伤，通常是同时患有脑炎或脑膜炎，才会对大脑造成损伤，而发热只是一个症状，并不是发热烧坏了脑子。一般情况下，高热41℃以上才会出现脑损伤，大多数发热是达不到这个温度的，只有在特殊情况下，例如有些孩子被遗忘在封闭车里，才会达到这种极高的温度。所以，妈妈们不用担心孩子发热会把脑子烧坏，孩子发热，我们科学地、正确地去对待就可以了。

孩子发热时，我建议妈妈们做到以下4点，可以让孩子更快康复：

第一点，注重孩子的营养

孩子发热时食欲较差，妈妈尽可能做软烂的粥或者炖汤，让孩子在补充水分的同时补充营养。另外，发热期间建议多给孩子吃富含维生素C的食物，例如猕猴桃、冬枣等。也可以直接给孩子吃维生素C补充剂。

第二点，根据发热温度决定是否需要用药

我们可以用本子或者手机APP记录孩子的体温变化，一般超过38.5℃才建议使用退热药，且退热药必须间隔使用。两种退热药混合使用的时候一定不能过量。使用退热药后，体温反复是正常的，不用着急用药，也不用着急去看医

生。我的孩子生病发热时，体温老是反复，但老人家看到孩子退热后温度再次升高，就要着急往医院跑，或者着急用药，其实这样既折腾孩子，也折腾家人，完全没有必要。

第三点，是否需要就医取决于孩子的精神状态，或者是否伴有其他症状

我们经常说，孩子不会装病，当孩子不舒服的时候，他的精神状态一定是不好的，如果孩子活蹦乱跳，说明病情不太严重。一旦孩子不爱动，没有精神，则建议带孩子去医院确诊。此外，如果除了发热，还伴有流鼻涕、咳嗽、疱疹、头疼等症状时，也建议去医院确诊。

第四点，体温的高低不代表生病的严重程度

并不是说温度越高，病就越严重，温度本身和病情的严重程度没有直接关系。有些孩子可能会出现高温惊厥，但并不是说温度越高就越容易出现惊厥。家长们要留心孩子的状态，孩子状态低迷，没有精神，长时间不吃不喝，就要特别注意，及时就医，并听取医生的建议进行治疗。

孩子发热时，很多家长的做法是错误的，为此我给大家总结了孩子发热时的三个误区：

很多家长以为发热是因受凉所引起，所以当孩子发热时，会让孩子穿很厚的衣服，这种情况更常见于老人带孩子的时候。其实孩子发热时身体更需要散热，所以不建议通过穿着太厚的衣服或者捂汗的方式来降温，尤其是年龄小的孩子，他们的体温调节功能还不太完善，包裹得太严实会导致身体无法散热，体温会持续升高，严重的可能还会引起脱水，所以妈妈们要当心这一点。孩子发热时，可以比大人少穿一件，这样会更舒服，也更有利于散热。

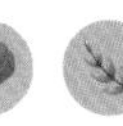

很多家长听信偏方，在孩子发热期间给他泡药浴或者酒精浴。这种做法是非常危险的，因为药物和酒精都是可以被身体吸收的，可能会造成很多问题，对于酒精过敏的孩子来说危险性更大。想要快速散热，可以多给孩子喝温水，也可以用温水擦拭身体，或者泡个温水澡。

很多家长认为，孩子发热时，给他打针输液或者服用抗生素，孩子就能更快恢复。这种想法是错误的。输液打针并不能够缩短病程，具体使用什么药物也应遵医嘱。滥用药物会干扰孩子正常的免疫系统，造成免疫系统紊乱。而且“是药三分毒”，家长自行给孩子服药，很可能造成肝肾损伤。

厌食

每当我看到那些吃饭很香的宝宝就特别羡慕，因为我也经历过孩子厌食的阶段。作为营养师，从给孩子添加第一口辅食开始，我几乎每一天都在精心地准备辅食。为了让孩子吃得营养、吃得健康，我会四处购买新鲜食材，还购买了面包机、面条机、料理机等厨房工具，甚至还特意去学习了面点制作。但是即便如此，我的孩子也并没有像我期待的那样吃什么都香，有时也会厌食。后来在和妈妈们交流的过程中才发现，大部分的孩子都会经历厌食的阶段，一般出现在2岁左右，记得在那个时候，我的孩子拒绝吃任何其他食物，每天只喝牛奶。当时我特别着急，也尝试了一些方法，后来把这个方法分享给了我的学员妈妈们，她们利用这个方法顺利地度过了孩子的厌食阶段。

首先，关于孩子厌食，我觉得家长要欣然接纳，孩子出现厌食是正常的，就像大人有时候也不想吃饭一样。我也特别理解妈妈们担心孩子厌食而影响长身体，其实短时间的厌食并不会给孩子带来多大的影响，而且孩子也会根据自身情况做出自我调整，可能正餐吃得少的时候，加餐就会吃得多。作为家长，都希望自己的孩子能够按照我们给他设定的路线成长，但是偶尔有偏离的现象也是正常的。我在养育第一个宝宝时，遇到这个问题非常焦虑，但当我的第二个孩子也出现同样的问题时，我就能够用平常心来对待了。现在回想起来，老大厌食的时间其实更久，这和我的心态是有很大关系的，老二就很少出现这种情况。

其次，很多孩子厌食与体内缺锌有关，因为锌和味蕾细胞是有关系的，缺锌还会伴有头发发黄、手指长倒刺等。含锌高的食物有生蚝、牡蛎、猪肝、鸡肝等，建议家长在日常饮食中增加蒸生蚝、牡蛎煎蛋、猪肝粥等。厌食比较明显的孩子可以直接吃锌补充剂，这样恢复得更快。我明显感觉坚持给孩子吃锌补充剂的话，他的胃口会好很多。

再次，家长要注意观察孩子有没有同时伴有便秘的情况。当孩子出现便秘时，胃口可能也会变差。孩子每天吃的食物较少，种类也不多，本身肠胃功能比较差，所以很容易发生便秘。一旦孩子便秘，我不建议大家用开塞露，长期如此会导致孩子的自主排便意识变得更差。可以让孩子多吃蔬菜水果，还可以给孩子补充益生菌，能够缓解便秘的症状。孩子排便通畅了，一般胃口就会变好，就能够吃得更多。

最后，要增加孩子的热量消耗。一个特别安静、不爱运动的孩子，他的饭量一定是偏少的。所以平时多带孩子做一些户外运动，增加活动量，孩子胃口就会变好。一般来说，孩子每天要保证两小时的户外活动。运动不仅能够让孩子胃口好，还可以预防近视、调节心情、补充维生素D。所以从孩子出生以后，户外运动是必不可少的。

感冒

感冒通常指的是上呼吸道感染，是鼻腔、咽和喉部急性炎症的总称。感冒本身是一种自限性疾病，也就是不做任何干预也能够自行恢复的疾病。大多数的感冒药其实是在帮助我们缓解感冒带来的不适症状，并不是针对感冒本身去解决问题。所以，如果孩子得了感冒，不建议家长盲目用药。多休息、适当补充营养，

就是最快的恢复方法。

针对感冒出现的一些症状，我也给大家一些建议。

发热是感冒时的常见症状，如果孩子的体温超过38.5℃，可以使用退热药帮助退热。特别提醒家长们，不要混合用两种退热药，且退热药的间隔使用时间是4～6小时，一定要注意看好说明书或遵循医嘱。如果孩子的体温在38.5℃以下，则不建议使用退热药，尽可能通过物理的方式降温，例如泡温水澡、用温水擦拭身体等，同时不要给孩子穿太多。

孩子感冒还经常会出现流鼻涕的情况。其实流鼻涕是我们的身体清除病毒的一个过程，所以孩子感冒流鼻涕，家长不用担心。如果鼻涕比较多的话，可以用生理盐水去清洗鼻子，这样呼吸会更顺畅。

很多孩子感冒后食欲会减退，这也是很常见的，生病的时候大多数孩子都不爱吃东西。这个时候建议家长们尽可能满足孩子的要求，给他吃一点他自己想吃的食物。此外，也可以准备一些软烂的粥或汤，补水的同时可以适当补充营养。在我看来，感冒的时候有必要给孩子补充维生素C，可以多吃些猕猴桃、大枣等富含维生素C的食物，也可以使用维生素C补充剂。我不建议给孩子喝泡腾片水，因为泡腾片的钠含量很高。

一般来说，轻微的感冒症状不需要去医院，只要做好家庭护理，注意补充营养，3～5天的时间就能很好地恢复了。尤其是在流感季节，去医院很可能会造成交叉感染。如果症状比较严重，例如孩子体温很高，同时精神状态不好、长期不进食等，应抓紧时间去医院做一些必要的检查，遵医嘱使用药物。特别提醒各位家长，营养和药物并不冲突，哪怕在使用药物的期间给孩子吃富含维生素C的食物也有助于感冒的恢复。

咳嗽

咳嗽和感冒差不多，大多也是可以自愈的。很多妈妈担心孩子咳久了会咳成肺炎或支气管炎，其实咳嗽并不会导致肺炎或支气管炎，咳嗽只是这些疾病的症状而已。所以，如果孩子不停地咳嗽，而且伴有“呼噜呼噜”的声音，说明可能有炎症了，应及时带孩子去医院做检查，诊断是不是肺炎或者支气管炎引起的。

如果只是单纯的咳嗽，那么完全可以通过日常护理来调整。第一，要多给孩子喝温开水，尤其是咳嗽有痰时，多喝水能够帮助稀释痰液，有利于把痰咳出来。第二，可以帮助孩子拍拍背。给孩子拍痰的时候，一定要用空心掌，也就是手掌要呈空心状，手背要拱起，这样才能够更好地把痰拍出来。第三，从营养方面考虑，建议给孩子喝一点蜂蜜水，但是一定要注意，1岁以上的孩子才可以食用蜂蜜水。也可以做一些冰糖雪梨给孩子吃，也有助于恢复。当孩子体内有炎症时，可以服用儿童专用的维生素C，也是有帮助的。第四，注意咽喉的湿润，可以在家里开加湿器，居住环境保持空气湿润，有助于湿化呼吸道，缓解咳嗽。第五，咳嗽期间要注重优质蛋白质的摄入。如果孩子只是单纯的咳嗽，大多数还是愿意进食的，这个时候尽可能补充优质的蛋白质，瘦肉、蛋类、豆制品、奶类等都是优质蛋白质的来源，肉末蒸蛋、胡萝卜排骨粥、菌菇鸡汤等这些营养餐都有助于帮孩子补充优质蛋白质。必要的时候也可以用一些儿童专用的蛋白粉，以更好地补充蛋白质，帮助孩子的呼吸道尽快修复。

缺铁性贫血

缺铁性贫血是婴幼儿时期最常见的一种贫血，其根本病因是体内铁缺乏，致使血红蛋白合成减少而发生的一种小细胞低色素性贫血。早期的缺铁性贫血会严重影响孩子的生长发育，还会影响其运动能力和免疫力。一般来说，贫血的孩子身材会比较瘦小，也可能会出现不爱吃饭、异食癖等情况。患有缺铁性贫血的孩子一般不太爱运动，会比较安静，因为他们运动一会儿就会觉得比较

累。另外，贫血会导致孩子的免疫力下降，更容易感染各种疾病。

0～6个月的孩子体内铁的储备都来自孕期妈妈的输送，所以在孕期和哺乳期患有贫血的妈妈要重视和干预贫血问题。妈妈贫血，孩子很可能在6个月龄内出现贫血。一般在孩子6个月龄时会去进行体检，做一次血常规，此时如果诊断出缺铁性贫血的话，家长要引起重视，从添加辅食开始，就要注意添加高铁辅食，如高铁米粉、猪肝泥、肉泥等。6个月以后的孩子如果出现贫血，大多是因为日常饮食中缺铁或缺蛋白质。而红肉和猪肝既富含铁又富含蛋白质，有些妈妈担心孩子消化不好，较晚给孩子添加肉类辅食，这样很容易引起缺铁性贫血。

我们一般是通过血常规的指标来判断孩子是否患有缺铁性贫血，当妈妈观察到孩子有以下这些症状时，建议给孩子做一个血常规检查。缺铁性贫血的孩子脸色、唇色或指甲比较苍白，容易头晕，不爱运动，注意力不太集中，食欲差，抵抗力较差，经常生病等。如果孩子出现以上一种或者几种症状，很可能就是缺铁性贫血引起的。

如果孩子被确诊为缺铁性贫血，家长可以从两个方面去调整。首先，饮食中一定要增加富含铁的食物，例如猪肉、牛肉、猪肝等红肉或者动物内脏，可以做成猪肝粥、牛肉饼、肉末蒸蛋等适合孩子吃的菜肴，不仅孩子喜欢吃，还能达到补铁的效果。有些植物性食物，如红枣、桂圆、菠菜、木耳等含铁量也比较高，但植物性食物的铁吸收率非常低，补铁效果有限。此外，如果给孩子补充铁剂，建议补充亚铁，能够更好地吸收，达到补血效果。等血红蛋白的数量正常之后，还需要继续补充2～3个月的时间，才能让身体存储足够的铁。

有些铁剂容易引起肠道反应，孩子吃了之后可能会引起呕吐，建议家长尽量选择对肠道刺激小、口感较好的铁剂，这样孩子更容易接受。补铁剂建议在吃饭的时候服用，这样能够和食物中的营养一起吸收，达到最好的效果。服用铁剂之后，孩子的舌头可能会发黑，大便也可能发黑，这些都是正常现象，妈妈们不用太担心，过一段时间就会恢复正常。

佝偻病

佝偻病又称为骨软化症，是骨骼基质的钙化障碍，常见于2岁以内的孩子。很多妈妈一想到这个病症就以为是缺钙引起的，其实佝偻病的诱因是缺乏维生素D，而维生素D缺乏会影响钙的吸收，导致钙的代谢紊乱。

很多人把维生素D和钙混为一谈，维生素D和钙之间确实有着密不可分的关

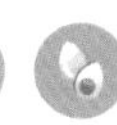

系，但它们是两种不同的营养物质。维生素D可以促进肾脏对钙的吸收，同时还能够减少锰、钙的流失，所以日常生活中我们所说的缺钙，也和维生素D的缺乏有关系。

维生素D是一种非常重要的营养，儿科医生一般会建议家长在孩子出生15天之后每天补充400国际单位的维生素D。但是很多妈妈觉得孩子1岁以后就可以不用再补充了，实际上，维生素D是一种需要从小补到老的营养素。

怎么样才能有效保证体内的维生素D充足呢？维生素D的来源有两种方式，即内源性和外源性。内源性维生素D是指我们的身体可以自己合成，但是合成的前提是要有紫外线的照射，这就是有人把维生素D称为“阳光维生素”的原因。当我们在户外晒太阳的时候，身体就会合成维生素D。但是越来越多的研究发现，过量的紫外线会对皮肤造成不可逆的伤害，甚至会增加罹患皮肤癌的概率，所以很多人出门都带着遮阳伞、太阳镜、遮阳帽等，这样确实阻隔了紫外线，但同时也导致身体无法自行合成充足的维生素D。另外一种来源是从食物中获得，但食物中的维生素D含量较少，蛋黄和牛奶中含有少量的维生素D，蘑菇也含有一定量的维生素D，单纯通过食补基本上无法完全补充身体所需的维生素D。日照不足、食补不足，这就是医生建议孩子从小吃维生素D补充剂的原因。谈到维生素D补充剂，很多家长分不清楚鱼肝油和维生素D有什么区别。鱼肝油除了富含维生素D，还含有维生素A。大多数孩子体内是不缺乏维生素A的，而维生素A过量会给身体带来很多危害，所以我建议孩子补充维生素D剂即可，这样更安全，并且从孩子出生到18岁前，建议每天都补充。

严重的维生素D缺乏会导致孩子患上佝偻病。佝偻病的初期表现不太明显，例如孩子晚上经常哭闹、睡觉时盗汗等，这些都可能和维生素D缺乏导致的佝偻病相关。如果家长们发现孩子出现这些症状时，建议去医院做检查。

晒太阳是补充维生素D最简便可行的方法，但日照又和所处的地理位置有关，南方的日照比较充足，北方的冬季阳光会相对缺乏。通过晒太阳来补维生素D，建议选择在早上10:00之前和下午4:00以后，这两个时间段的紫外线相对没有那么强，不会对孩子稚嫩的皮肤造成损伤，又可以帮助我们的身体合成维生素D。不过需要提醒大家，如果希望孩子能够通过晒太阳的方式补充维生素D，需要将皮肤裸露在外，最好是裸露上臂或腿部。如果全身都被衣服包裹的话，是很难合成维生素D的。

如果孩子患上了佝偻病，需要同时补钙吗？这就要看孩子的饮食中钙的摄入量是否充足。3岁以下的孩子，钙的来源主要是牛奶，但有些孩子可能对牛奶过敏，也有些孩子不喜欢喝牛奶，这些情况都会导致钙的摄入量不足。0～1岁的孩子每天的饮奶量在500～700毫升，1～3岁的孩子每日饮奶量要保证在400～500毫升，3岁以上的孩子要保证每天至少有400毫升的饮奶量。如果孩子的肠胃功能正常，以上饮奶量基本可以补足身体所需的钙。此外，家长还可以结合孩子的一些表现来判断是否需要补钙，例如缺钙孩子的骨骼和牙齿的发育均会受到影响，还易形成龋齿的问题，晚上睡眠不好，容易出现盗汗等。

如果孩子所摄入的钙量不足，则需要同时补充钙，可以适当给孩子吃些钙片，建议选择钙镁结合的钙片，这种钙片的吸收率相对较高。

一般来说，孩子从出生开始就补充维生素D，可以有效预防维生素D缺乏引起的佝偻病。如果是病理性的佝偻病，则需要及时去医院就诊，并遵循医嘱，配合治疗。

生长发育迟缓

每个孩子出生之后都应定期进行体检，记录身高、体重等变化情况，并绘制成生长曲线。通过生长曲线，可以直观、快速地了解孩子的生长水平，评估孩子的生长发育趋势，及时发现是否偏离生长轨迹的正常水平。

如果孩子的生长曲线处在一条参考曲线附近或在两条曲线之间，呈现逐渐增长趋势，大致平行于一条参考曲线，这是基本正常的，继续监测就好；如果孩子的生长曲线落在第3百分位曲线以内，或高于第97百分位曲线，则是不正常的。生长发育迟缓的孩子，生长曲线一般落在第3百分位曲线以内，此时家长要特别关注孩子的营养状态，因为孩子的身高和体重都和营养状态密切相关。如果孩子

的身高发育缓慢，可能是长期营养不良导致的；如果体重不足，则是和短期营养不良相关。所以，对于身高或体重不足的孩子，家长一定要特别关注孩子的营养状态，及时调整饮食结构。一般来说，3岁以内的孩子身高每年增长7厘米以上，3岁以后平均每年增长5厘米。如果低于这个数值，建议及时去医院检查，查明原因。对于生长激素，相信很多家长并不陌生，也有不少家长选择带孩子打生长激素。但即使是打生长激素，也要保证孩子能获取比较全面的营养，如果营养跟不上，打了生长激素而没有营养促进生长的话，孩子的发育依然会受到影响。

导致孩子生长发育迟缓的主要原因有以下几种：

现代社会物质丰富，能量摄入不足比较少见，但是也有可能孩子因为某些病理性原因，或者偏食、厌食而导致能量摄入不足，简单来说就是每天吃的食物量不够身体生长发育所需。蛋白质不足是比较常见的，例如孩子的辅食添加方式不对，或者孩子不爱咀嚼导致肉的摄入不够，从而导致蛋白质摄入不足，这样不仅影响身高的发育，还会影响体重的增长。

如果孩子缺乏微量元素，如缺铁、锌等，也会影响孩子的身高和体重的发育。长期缺铁还会影响智力的发育。

缺乏维生素D一方面会影响钙的吸收，从而影响身高；另外一方面，维生素D缺乏还可导致脂肪代谢异常，引起体重增加。

运动能够增加体内能量的消耗，有利于孩子保持较好的食欲；户外运动有利于维生素D的摄入；运动通过影响软骨的生长和发育，使其在运动所致的摩擦以及压迫之中不断被刺激，从而加速软骨细胞的增生，促进身高的增长。此外，运动还有利于增长肌肉。因此，家长们要多带孩子做一些户外运动，且不用刻意去限制运动类型。

便秘

每个孩子几乎都受到过便秘的困扰，这是因为孩子出生后胃肠道功能并不完善，容易受到诸多因素的影响，导致消化功能紊乱以及吸收的障碍。如果您的孩子经常便秘，只要用对方法，也是很容易解决的。

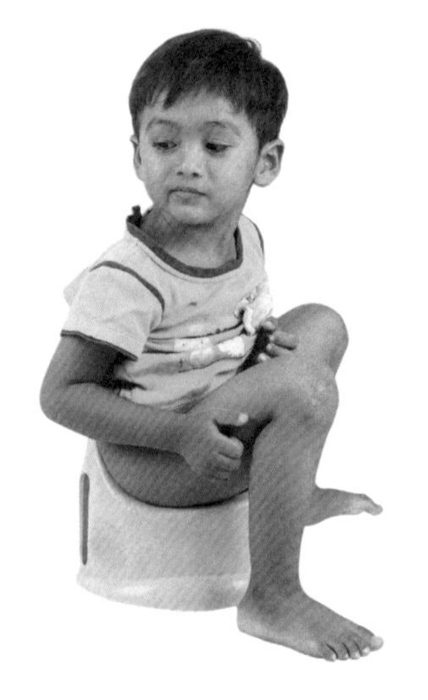

作为家长需要了解，当孩子吃饭少的时候，两天不拉大便也是正常的。孩子和大人不一样，我们不能仅通过次数和时间来判断孩子是否便秘。一般来说，如果孩子超过三天没有排便，且排便时比较痛苦，大便干硬，就说明孩子便秘。孩子便秘大多是因为不良饮食习惯和生活习惯造成的，我们可以通过以下几方面来帮助孩子养成好的排便习惯，解决便秘的问题。

- 第一，养成定时排便的习惯。尽量让孩子养成固定时间上厕所的习惯，建议时间选在早上，并从孩子3 岁左右开始，就要提醒他不要憋大便，每天排一次便，养成固定的排便习惯。建议给孩子准备一个专用的坐便器，孩子更容易接受，也更方便。有些孩子刚上幼儿园的时候可能不愿意在幼儿园大便，建议妈妈要和老师多沟通，不需要强迫孩子在幼儿园大便，回家之后及时提醒他上厕所就好。
- 第二，多给孩子吃富含膳食纤维的食物。膳食纤维能够增加肠道的蠕动，促进排便。富含膳食纤维的食物主要有绿叶蔬菜和水果，以及红薯、玉米等粗粮。日常饮食中需要搭配这些食物给孩子吃。
- 第三，给孩子补充一些益生菌。补充益生菌一定要注意用量充足，而且要连续使用才能有较好的效果。孩子出现便秘的时候，益生菌能够很快地解决问题。
- 第四，多给孩子喝水。水量不足时，孩子也特别容易便秘。每次孩子出门的时候，建议为他准备好温水。凉水或者冰水不利于排便，尽量少喝那些高糖的饮料。
- 第五，尽可能带孩子多做运动，尤其是户外的一些跑跳运动，能够促进肠胃蠕动，有助于排便。
- 第六，可以给孩子做推拿。当孩子便秘的时候，家长以顺时针方向帮孩子按摩肚子，也能帮助他更顺利地排便。

此外，便秘也可能是因肠道发育异常引起的。正常来说，食物的消化和吸收主要是由小肠来完成的，剩下的食物残渣会进入大肠，在大肠内吸收大量的水分并形成大便。如果肠道发育异常，就会影响食物残渣和毒素的排出，也就是我们所说的便秘。先天性的肠道发育异常需要及时到医院就诊，根据医生的建议进行有效治疗。这里推荐三款有效缓解和预防孩子便秘的食谱：

营养师推荐食谱

酸奶+亚麻籽油+火龙果

西梅泥或西梅汁

糙米燕麦粥

腹泻

孩子在长大的过程中几乎都会经历腹泻，有些腹泻是因为细菌或病毒感染所致，有些是因为过敏或食物不耐受所致，还有的可能仅仅是因为消化不良所致。虽然导致便秘的原因有很多种，但我们可以直接通过大便的外观做出基本的判断。如果大便散发出臭鸡蛋的味道，或者泡沫比较多，说明孩子消化不太好；如果是病毒性感染，通常是蛋花样大便，而且还会伴随呕吐；如果是细菌感染，大便里可能有黏液、脓血，此时一定要及时去就医。

最容易导致孩子感染而出现腹泻的病毒是轮状病毒，秋冬季节比较常见，表现为上吐下泻。有些孩子腹泻，可能是因为过敏，或对某些食物不耐受，例如乳糖不耐受。乳糖不耐受是指身体内缺少乳糖分解酶，当喝了牛奶或其他的奶制品时，乳糖没有办法被分解，就会刺激肠道，造成腹泻、腹痛。一般情况下，乳糖不耐受在孩子小的时候就能够发现。孩子乳糖不耐受会影响营养的吸收，导致发育迟缓，家长一旦发现，要及早干预。

孩子腹泻的问题，其实大多数是可以预防的。

- 第一，积极注射轮状病毒疫苗，能有效减少轮状病毒的感染以及出现感染后的重症。
- 第二，注意孩子日常的卫生和食物的卫生，让孩子学会饭前便后洗手，从小就教孩子掌握七步洗手法。
- 第三，给孩子吃的肉类和蛋类一定要烹调熟，尽量不要让孩子去碰生的鸡蛋和肉类，以免出现细菌感染。
- 第四，坚持母乳喂养。有研究发现，母乳喂养对孩子的肠道发育很重要。一般情况下，母乳喂养的孩子出现腹泻的可能性比较小。
- 第五，如果孩子经常出现腹泻，要及时给他补充益生菌。好的菌群能够影响肠道内环境，尤其是孩子小的时候，抗病力较弱，维持肠道健康有利于提高抗病力，所以给孩子补充好的益生菌非常重要。建议家长给孩子吃双歧杆菌。除了益生菌，锌对孩子的肠道健康也很关键。在孩子腹泻的时候可以适当给他补充锌制剂，能够缓解腹泻、修复肠道。

湿疹

对于湿疹，相信家长们都不陌生，孩子一旦长湿疹，睡觉爱哭闹，大人也跟着睡不好，严重影响全家人的生活质量。所以别小看湿疹，发作起来可是个大问题。湿疹一般表现为皮肤干燥或脱皮渗出组织液。长了湿疹后，孩子会觉得皮肤发痒，会用手抓，越抓越痒，特别难受，最后只能靠哭闹来宣泄情绪。

过敏性湿疹是一种很常见的皮肤病，其实是皮肤的炎症反应。很多妈妈会发现，大多数湿疹无法查明原因。其实湿疹一般是和遗传有关的，也就是我们经常说的体质，妈妈容易过敏，那么孩子得过敏性湿疹的概率就会高。此外，食物过敏也可能引起过敏性湿疹，例如有些孩子因鸡蛋、海鲜、牛奶过敏而发生过敏性湿疹；有些孩子长湿疹与情绪状态有关，压力大的时候容易出现过敏性湿疹；还有些孩子可能因为生活环境中接触到某些物质而出现过敏性湿疹，这就因人而异了。当然，外界干燥的环境也可能会诱发或者加重湿疹的反应。

那么当孩子出现过敏性湿疹的时候，妈妈该怎么办呢？

- 第一，及时去医院检查，确诊过敏原。常见的过敏原有牛奶、鸡蛋、鱼虾、尘螨、花粉等，如果是食物过敏，在调理的初期，都需要避免接触这些过敏原。一般至少要等到 3 个月以后，才可以再次尝试少量食用这些食物。
- 第二，坚持母乳喂养。孩子出生后尽量选择母乳喂养，这样孩子出现过敏的概率会降低。辅食添加时，不要一次性添加多种食物，应该一种一种添加，且每一次的添加量也不能太多，等孩子适应了这种食物之后再开始添加新的食物，这样能够降低过敏发生的概率。当然，妈妈们也不必因担心孩子过敏而不敢吃鸡蛋或者鱼虾，可以少量尝试，如果发现过敏就暂停食用，至少 3 个月之后再添加。
- 第三，如果孩子对牛奶过敏，我不建议妈妈们放弃奶粉，毕竟奶类的营养对孩子来讲是非常关键的。可以根据孩子的过敏程

度喝水解奶粉。有一点需要提醒家长们，水解奶粉并不能预防过敏，因此对牛奶不过敏的孩子没有必要去喝水解奶粉。

- 第四，建议孩子从小多接触大自然，这也是预防过敏的一个非常好的办法。现在过敏的孩子越来越多，我听一个妈妈讲，她们小区里面一起玩的孩子有一半都曾经出现过敏症状。之前我有专门看过一本关于微生态的书，其中作者谈到，过敏的孩子越来越多，与孩子少接触大自然、缺少土壤中的益生菌有很大关系。所以，建议家长平时多带孩子爬爬山，或者去公园散步，不仅能强身健体，对预防过敏也有很大帮助。
- 第五，补充益生菌。妈妈如果是过敏体质，建议从孕期就开始补充益生菌，这样能降低孩子出生后过敏的概率。等到孩子可以添加辅食之后，可以给孩子适当补充益生菌，对肠道健康有很大的帮助，也能提升抗病力，预防过敏。如果孩子发生过敏反应，及时补充益生菌也能够缓解过敏症状，非常有助于孩子体质的快速恢复。此外，锌是一种非常重要的具有修复作用的营养素，有助于孩子的湿疹皮肤恢复健康。所以，建议益生菌和锌同时补充，对皮肤的恢复能起到更好的效果。
- 第六，如果孩子长了湿疹，皮肤干燥且瘙痒，可以尝试厚涂婴幼儿专用的保湿霜，能很好地缓解过敏不舒服的症状。这个方法我已教给身边很多的妈妈，我家二宝没满月时就因天气干燥长了湿疹，我每天早晚给他厚涂两次保湿乳，不到三天，皮肤就恢复到了嫩滑的状态。需要注意的是，一定要厚涂，也就是用量要比平常多三倍以上。一般建议晚上等孩子睡着的时候再涂，第二天早晨就能发现皮肤状态有所改变。

- 第七，是否用药取决于湿疹的严重程度。治疗过敏的药物大多是含有激素的，能少用则少用。当然，如果湿疹较严重，应遵循医嘱。在用药的情况下也可以结合前面提到的六种对策，有助于孩子及早康复。

扁桃体炎

扁桃体是人体非常重要的一个免疫器官，是呼吸道的大门，很容易被细菌侵袭，因此很容易发炎，在孩子小的时候更是如此。这是因为扁桃体一般在6个月左右才开始发育，扁桃体上有很多“小窝”，细菌和病毒容易藏在小窝里，很容易被感染。此外，孩子小的时候自身免疫系统本来就不完善，导致扁桃体炎容易反复发作。所以，对于扁桃体经常发炎的孩子来说，其本质还是要提升抗病能力。蛋白质、维生素C、维生素A、锌、铁、硒等营养素都与抗病能力有关，在日常饮食中要注重食物的多样性，才能有效补充身体所需的这些营养物质。

当孩子处于扁桃体炎的发作期，一定要注重饮食调理，可以多吃富含维生素C的食物，以及蛋白质含量高的食物，有助于恢复健康。扁桃体发炎时要忌辛辣、刺激性食物，可以给孩子吃一些排骨粥、牛肉粥、肉末蒸蛋等既富含营养又清淡、好消化的食物。

扁桃体发炎期间，很多孩子不愿意吃东西，所以尽可能给孩子选择流质或半流质食物，也可以喝一些鲜榨的果蔬汁。在此期间，孩子应尽可能多休息，

   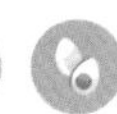

家里要多开窗通风，以保持空气新鲜。也可以打开加湿器，保持居室的湿度正常，缓解咽部的不适。父母千万不能在家里抽烟，否则容易刺激孩子的咽喉部位，不利于康复。

扁桃体经常发炎且比较严重的话，有些医生会建议切除扁桃体。其实，我们身体的每一个结构都有它自身的作用，例如阑尾，当大家患上阑尾炎时会把阑尾切除，认为这样不会给身体带来任何影响，其实有研究发现，阑尾和身体的免疫系统是有相关性的。所以，如果能够用药物和营养干预调理的方法来治疗，我不太建议切除扁桃体。平时注意给孩子做好饮食调理，保证身体摄入充足的营养，扁桃体发炎的情况能得到有效改善。

智力发育迟缓

有些孩子智力发育迟缓是因为疾病，比如脑瘫的孩子，其智力的发育就会受影响。还有些孩子则是因为营养不足而导致智力发育迟缓。当孩子被检查出智力发育迟缓，很多妈妈会非常着急，会让孩子上早教或者上一些特殊的培训班。我认为对于这些孩子来说，最基本的营养必须跟上，在营养充足的基础上再进行刻意的练习，才有助于孩子智力的发育。

影响孩子智力发育的营养主要包括以下几种：

身体缺铁会影响远期智力的发育，而且3岁以内的孩子特别容易缺铁，这是因为3岁以内的孩子饮食习惯不太固定，营养缺乏的可能性比较大，此阶段所造成的影响是后期可以弥补的。孩子6个月前铁的储备主要来自孕期妈妈的输送，6个月以后主要从饮食中获取，而奶粉中铁含量比较低，这就是为什么婴儿辅食指南建议在孩子6个月以后要尽早添加高铁辅食，如高铁米粉、猪肝泥等。

DHA是促进智力发育的重要营养素，可以增强记忆力，提升学习能力，对促进大脑以及视网膜的发育都很关键。食物中的DHA含量较低，α-亚麻酸可以在体内合成少量DHA。α-亚麻酸主要存在于亚麻籽油和紫苏籽油中，亚麻籽油比较常见。

磷脂

磷脂是非常重要的神经营养剂，可以增强记忆力和注意力，专注力不好的宝宝与体内缺乏磷脂有一定关系。蛋黄是日常饮食中磷脂的最主要来源，但是在煮鸡蛋的过程中，如果加热时间过久，蛋黄变色后磷脂就会被破坏。有些孩子因鸡蛋过敏而不能吃蛋黄，要特别注意磷脂的补充。

怀孕时如果妈妈的体内缺碘，也会影响孩子智力的发育。不过如果家里吃的是加碘盐，每周再吃1～2次的海产品的话，一般就不会缺碘。

儿童肥胖

婴儿期的孩子胖嘟嘟的，特别可爱，但是随着孩子年龄的增长，如果还是肥胖的话，家长们就要重视这个问题了。其实预防肥胖应该从婴儿期开始，甚至应该从妈妈孕期就开始去控制体重，出生时体重超重的孩子将来肥胖的可能性更高，儿童时期的肥胖会增加成年后罹患糖尿病和高血压的风险。此外，肥胖会让孩子的反应变迟钝，运动能力变差，还会给孩子造成心理上的压力。

儿童肥胖的判断依据是什么呢？家长们根据孩子的体重就能判断孩子的肥胖情况。一般来说，体重超过同年龄同性别孩子的平均体重的20%即为肥胖，20%～29%为轻度肥胖，30%～39%为中度肥胖，超过40%则为重度肥胖。

肥胖与饮食有很大关系

家长不妨留意一下那些比较胖的孩子，他们几乎都对汉堡、可乐、雪碧、奶茶等情有独钟。肥胖的主要原因是高糖类的饮食结构以及高糖的加餐零食。也有少部分是由疾病引起的肥胖，这就另当别论。现代社会各种慢性病越来越低龄化，6岁的孩子就出现了血糖高，12岁的孩子出现了尿酸高，这些其实和肥胖有非常大的关系，成年人的很多慢性病也和肥胖有关。因此，对于胖宝宝来说，及时调整饮食结构，使体重达到标准值是很重要的。如果孩子从儿童时期就开始发胖，不仅体内脂肪细胞的体积大，脂肪细胞的数量也会比其他人高，这为长大后持续肥胖埋下了隐患。所以，胖宝宝虽然很可爱，但是从健康的角度来讲，建议家长们从小关注孩子的体重。

关于胖，很多家长存在这样一个误区，胖是因为营养过剩，所以日常饮食要清淡，少吃营养丰富的食物。这种想法当然是错误的。胖只能说明体内能量过剩，并不代表所有的营养都过剩，如果吃得过于清淡，很容易导致蛋白质、优质脂肪摄入不足，甚至钙、铁、锌等各种营养的缺乏。因此，肥胖的孩子要控制总能量的摄入，这对于一个生长发育期的孩子来说其实是很困难的。因为孩子天生好动，运动量大，还要维持一天的学习，如果能量控制太过严格的话，一般是难以接受的。基于孩子这样的特点，总的能量摄入不能过低，至少要满足孩子一天的能量需要。此外，孩子减肥不要追求快速。我之前帮孩子们减肥，有些孩子的体重可能没有多少变化，但是因为他在生长发育的高峰期，身高长了，这让孩子看起来就很苗条了。帮孩子减肥的同时要去观察孩子身高的变化，而不是只纠结体重的数字。

减肥期间主食一定要调整

糖是发胖的主要元凶，主食吃多了，体重也容易增长。但对于孩子来说，如果不吃主食，大脑反应能力会变慢，无法应对每天的高强度学习。因此，孩子减肥期间必须吃主食，但要吃优质的主食，例如早餐可以蒸点红薯、玉米、南瓜，午餐可以吃点荞麦面或糙米饭，晚餐可以吃些土豆、玉米等。粗粮的口感较差，让孩子去接受粗粮其实并不是特别容易的事情，所以一开始建议大家做到粗细搭配，可以在粗粮饭里加点白米饭。每一餐的主食大致吃孩子拳头大小的量就可以了。那些食量大的孩子，可能觉得这个主食的量吃不饱，可以通过多吃点菜和肉来弥补。三餐之外的零食也尽量不要吃高糖类的食物，例如饼干、甜点、面包等，可以为孩子准备蛋白棒、坚果棒、无淀粉的肉肠、卤蛋、即食鹌鹑蛋等富含蛋白质的食物。

蛋白质摄入必须充足

我的学员中有不少妈妈曾经和我说过，觉得孩子已经那么胖了，不能再吃肉了。这其实是个错误的想法，日常饮食中的主食、肉和青菜，其中肉是最难转变成脂肪的，所以家长们不用担心摄入充足的蛋白质会导致肥胖更严重。反之，充足的蛋白质还有利于减脂。其一，蛋白质本身的饱腹感强，吃了富含蛋白质的食物后可以减少其他食物的摄入；其二，富含蛋白质的食物热效应高，身体消化吸收这些食物需要消耗更多的能量。日常饮食中，猪肉、牛肉、羊肉、鸡、鸭、鹅等都可以吃，但要注意不能吃大块的肥肉。海鲜类中的花甲、海鱼、虾、扇贝等都可以吃。

减肥不能不吃油

减肥并不是不能吃油，而是要吃对油、吃好油。油必须做到一个平衡，如果现在彻底让孩子吃水煮菜，不让他吃炒菜，孩子是无法坚持下来的。家长们在帮孩子减肥时一定要记住，正常吃炒菜，只要不放过量的油就可以，建议选择橄榄油和亚麻籽油。橄榄油用来煎蛋、炒菜都没有问题，亚麻籽油比较适合凉拌。

做饭要注意烹调方式

减肥期间尽量不要吃油炸、肥腻食物，如五花肉、炸鸡、煎炸鱼、油焖大虾等。也要注意盐的摄入，一般来说一个人每天摄入5克盐就够了，鸡精、味精等调味品则尽量不添加。

要注意营养素的摄入，例如B族维生素和能量代谢有关，钙、维生素D与脂肪酶的活性有关，所以我一般建议给想要健康减脂的孩子增加B族维生素、钙和维生素D的摄入量。此外，肠道菌群环境和肥胖也有关系，建议同时补充益生菌，有利于肠道健康。

口腔溃疡

口腔溃疡可不是大人的专利，孩子也很容易得口腔溃疡，只是有些孩子得口腔溃疡时并不能够正确表达出来，所以有时我们并不能及时发现。我儿子就有过两次口腔溃疡，等我发现的时候已经快要愈合了，回想起来口腔溃疡前期的表现，确实是我疏忽了。因为他那段时间食欲不是特别好，热乎的食物不爱吃。我当时仅仅以为他那段时间有点挑食，没有主动询问孩子，孩子也没有意识到这是一种疾病。后来我告诉孩子，当发现嘴巴里面有伤口时一定要及时告诉妈妈。

孩子嘴巴里一旦长了口腔溃疡，会影响到进食，在此我有以下几点建议能够帮助长口腔溃疡的孩子更快地恢复：

- 第一，当发现孩子嘴巴里长有口腔溃疡时，不要给他吃热的食物，温度适中最好，否则会加剧伤口的疼痛。此外，饮食上应尽量以软烂为主，不要吃太硬的食物。
- 第二，含锌的食物有助于口腔溃疡的恢复。当我发现孩子长口腔溃疡时，会直接给他补充锌片，这样伤口恢复得更快，因为锌是一种有助于伤口愈合的营养素。
- 第三，多吃一些富含 B 族维生素的食物。B 族维生素和口腔溃疡也有关，粗粮中的 B 族维生素含量比较丰富，我们可以给孩子煮一些粗粮粥。同时也可额外补充 B 族维生素片，能够让孩子恢复得更快。
- 第四，注意补充维生素 C。有些细心的家长可能会发现，当孩子新鲜蔬菜水果吃得少的时候，更容易长口腔溃疡，因为缺乏维生素 C 可导致口腔溃疡的发生。所以，平时多给孩子吃一些维生素 C 含量高的水果，如猕猴桃、冬枣等。可以再加上儿童维生素 C 补充剂，这样效果会更好。
- 第五，适当补充益生菌。当孩子出现消化不良或肠胃不适时，也容易长口腔溃疡。因此，一旦发现孩子长了口腔溃疡，可以给他适当补充一些益生菌，既可以帮助消化，还有益于使肠道健康。

手足口病

手足口病是一种病毒感染疾病，一般来说，病毒感染性疾病属于自限性疾病，可以自行恢复，病程大多是7天。手足口病的症状比较明显，嘴巴里会长小疱，手和脚也可能会出现小疱疹。

手足口病是一种传染性疾病，很多家长会发现，孩子自从上了幼儿园之后会更容易感染手足口病，因为小朋友之间的皮肤接触、飞沫传播或共用一条毛巾等都会导致病毒的传播。如果家里有两个孩子，那么尽可能将两个孩子隔离开，另外一个孩子感染的概率就会降低。孩子确诊以后应在家里休息，不能再去学校。孩子生病期间，做到餐前便后要洗手，孩子的餐具每餐要进行消毒，衣服和玩具也要每天消毒。

手足口病的症状可轻可重，大多数能够自愈，只有很少数会出现重症。如果孩子出现精神差、呼吸困难、高热不退、身体无力、嗜睡等情况，一定要及时就医，避免重症的发生。

孩子患手足口病，家长如何快速帮孩子康复呢？

- 第一是补充维生素 C。维生素 C 能增强免疫力，帮助孩子更好地去对抗病毒，快速康复。
- 第二是补锌。手足口病和其他疾病不一样，因为口腔里长小疱，影响孩子的食欲，所以很难靠食补。锌有助于伤口修复，可以给孩子补锌，这样可以恢复得更快。
- 第三是饮食应尽可能清淡，多吃软烂的食物，如八宝粥、牛奶、骨汤蔬菜面等。

第 2 章
超级营养素及食物，
打造孩子的超级抗病力

了解饮食与抗病力的关系

俗语说“人是铁，饭是钢，一顿不吃饿得慌”，这说明好好吃饭很重要。我们每天吃饭不仅仅是吃食物，更主要是通过食物获取里面的营养成分，这些营养成分是我们身体最小单位细胞的所需成分。人体由无数的细胞组成，人体健康的前提是身体每个组织细胞的健康。细胞是有生命周期的，会自然衰老，也会自我更新，当受到外力不良因素的影响时，还会损伤、变异。可以说，人的一生就是细胞不断自我修复、更新的过程。通常，当细胞死亡数达到总量的20％时，人就会死亡；当细胞修复的速度赶不上细胞损伤的速度，人就会衰老、生病；生病后，当细胞修复的速度超过细胞损伤的速度，人就会战胜疾病，慢慢恢复健康。

是什么在维持和促进细胞的自我生成和修复呢？除了细胞本身的生命周期规律在发挥作用之外，另一个重要的因素是食物提供的营养素，在细胞新陈代谢的过程中，是我们每天摄入的食物营养在为细胞修复提供原料和能源。

孩子从小长大的过程也是营养不断累积的过程，所以从营养学的角度看，人的身体就是由营养素构成的。而构成人体的这些成分，统统都来自食物。今天我们所吃的食物，明天就会变成身体的一部分，所以我们吃什么、怎么吃，日积月累就会影响到身体的免疫力、体力、精力，影响我们的皮肤、气色、身材等。

我们平时所说的免疫力，其实就是人体免疫系统中的抗体和免疫细胞等，它们都需要能量物质和各种营养素来维持和促进自身的发展，进而正常发挥功能。概括起来，人体所需的营养素有五大类——蛋白质、糖类、脂肪、维生素、矿物质。另外，水和膳食纤维在维持身体健康方面也发挥着强大的作用。

如果孩子每天吃的是不健康、不新鲜、不安全、营养素密度低的食物，或者垃圾食品，那就只能构建脆弱的身体、较低的免疫力。要想让孩子身体状态好、免疫力更强大，就得用最好的食材——天然、新鲜、营养素密度高的食物。所以说，合理的膳食是奠定免疫力的基础！

营养不良会导致免疫力下降。营养是身体免疫系统的物质基础，良好的营养能有效保障机体的免疫功能发挥作用，增强抵抗病毒感染的能力，对生长发育状态下的免疫系统尤为重要。做到饮食营养均衡，是提高身体免疫力的重要手段之一。

很多经济落后地区还存在温饱问题，儿童长期吃不饱、营养不良，免疫力低下，容易感染，经常感冒，这与儿童体内缺乏蛋白质、矿物质（铁、锌等）以及维生素等密切相关。而在经济发达地区，同样存在营养不良的问题，这种营养不良表现为营养过剩或挑食偏食造成的营养不均衡。这种不均衡体现在能量（如糖类、脂肪）摄入过多，而矿物质、膳食纤维及维生素摄入过少，尤其以脂溶性维生素A和水溶性维生素B_2、维生素B_6、维生素B_9（叶酸）缺乏最为常见。维生素是人体必需营养素，严重缺乏时会导致人体功能失调，削弱免疫力，引发疾病。例如，维生素B_2和叶酸能够增强肠内的免疫功能，如果体内长期缺乏这两种营养素，身体就容易感染和发炎。因此，想要保持良好的免疫力，就要做到膳食均衡，以保证各种营养素的充足摄入。

营养素与抗病力

全面均衡的营养素可以改善人体的抗病力，这是毋庸置疑的。在保证食物多样、饮食均衡的前提下，适量补充以下八种营养素，可以增强对疾病的抵抗力，身体也会越来越健康。

蛋白质

蛋白质是一切生命的物质基础，每一种生物，包括动物和植物，身体中的每一个细胞都由蛋白质构成。蛋白质既是构造组织和细胞的基本材料，又与各种形式的生命活动紧密相连。机体的新陈代谢和生理功能都依赖于蛋白质的不同形式才得以正常运行。蛋白质是细胞组分中含量最为丰富、功能最多的高分子物质，几乎没有一项生命活动能离开蛋白质。

蛋白质构成人体细胞和组织

蛋白质是构成人体细胞、组织、器官结构的主要物质，人体内蛋白质含量约占体重的16%。人体细胞中除水分外，蛋白质约占细胞内物质的80%。组织、器官的生长发育，机体各种损伤修补，消耗性疾病的治疗，以及成人体内细胞和组织的更新，都需要合成大量的蛋白质。有研究证实，成人体内每日有1%～3%的蛋白质需要更新，肠黏膜细胞平均6天更新一次，红细胞平均120天

更新一次。适量的蛋白质摄入有利于儿童的生长发育、健康成人体内的蛋白质更新和机体的康复。

人体生长的过程，可以说是蛋白质不断积累的过程，人体内蛋白质流失的过程就是人体逐渐衰老的过程。蛋白质是身体细胞、组织的原料，如果人体中蛋白质摄入不足，就意味着包括免疫细胞在内的很多细胞和组织缺少维持正常功能的能量，免疫力会低下，导致易感冒、易疲劳、发育迟缓和贫血等。

蛋白质参与维护身体免疫力

蛋白质构成体内多种具有重要生理功能的物质，人体内的三大活性物质——酶、激素和神经递质都与蛋白质有关，一些免疫成分，如免疫球蛋白，本身就是蛋白质。免疫球蛋白作为抗体，可以抵御外来微生物及其他有害物质的入侵。

抗体是机体由于抗原的刺激而产生的具有保护作用的蛋白质。抗体主要分为五种——IgM、IgD、IgG、IgA和IgE，不同类型的抗体具有不同的特征。其中，IgG是抗感染的主力军，且是唯一能通过胎盘屏障的抗体，在新生儿抗感染免疫中起着重要作用。

动物性食品的蛋白质含量较高，如肉类、鱼类、蛋类中的蛋白质含量一般为10%～20%，奶类只有3%左右；植物性食品中含蛋白质最多的是大豆及大豆制品，蛋白质含量高达35%～40%，谷类也富含6%～10%的蛋白质。

脂肪

脂肪是人体能量的主要来源，也是人体最重要的组成成分和能量的储存形式，对身体的正常生长发育起到非常重要的作用。近百年来，在发达国家，随着经济的发展和工业化加强，居民动物性食物及脂肪摄入量的过量增加，导致了与脂肪代谢相关的各种慢性病发病率的上升。我国居民膳食结构中的脂肪摄入量明显增加，膳食脂肪提供的能量在城市已达到甚至超过35%，与脂肪过量摄入有关的慢性病如肥胖、心脑血管疾病、肿瘤等，发病率亦显著上升。

很多人“谈油色变”，认为吃油就会长胖，油是造成高血脂、血栓的罪魁祸首。这是对脂肪的误解。其实没有不好的食物，只有不合理的搭配。脂肪本身并不可怕，而是我们没吃对：吃的方式不对、摄入的量不对、不同脂肪摄入的比例不对。

身体需要脂肪，它对我们的抗病力和其他生理系统都有非常重要的作用。

脂肪为机体提供和储存能量

脂肪占正常人体重的14%～19%，是构成身体成分的重要物质。脂肪是人体重要的能量来源，合理膳食能量中的20%～30%由脂肪供给。每克脂肪体内氧化可产生9千卡（1千卡≈4.19千焦）的能量，所以脂肪是食物中能量密度最高的营养素。当人体摄入能量过多而不能及时被利用时，就会转变为脂肪储存于体内。机体需要时，可把脂肪组织所储存的脂肪动员出来，用于能量供应。

糖类、蛋白质、脂肪都能为人体提供能量，但在消耗利用时，首先是糖类。因此，如果摄入过多脂肪，或体内存储过多，都容易造成肥胖。但是当我们饿的时候，糖类先被消耗完之后，皮下脂肪和蛋白质才会分解，继续为我们供能，而皮下脂肪和蛋白质两者中，身体是先动用体脂产生能量以避免体内蛋白质的消耗。所以，我们需要每天摄入适量的脂肪，为人体提供能量的同时，也保证蛋白质不被过分消耗掉。

脂肪能促进脂溶性维生素吸收

脂肪是脂溶性维生素的良好载体，食物中脂溶性维生素常与脂肪并存，如动物肝脏脂肪含丰富的维生素A，麦胚油富含维生素E。脂肪可刺激胆汁分泌，协助脂溶性维生素吸收。当膳食中缺乏脂肪或脂肪吸收障碍时，会引起体内脂溶性维生素不足或缺乏，进而影响身体抵抗力。

脂肪能维持体温、保护脏器

脂肪是热的不良导体，可阻止体热的散发，维持体温的恒定。此外，体脂也能防止和缓冲因震动对脏器、组织、关节所产生的伤害，发挥保护作用，尤

其是对一些质地比较脆弱的器官，例如胃。内脏脂肪围绕着脏器分布，对我们的内脏具有无法替代的支撑、稳定和保护作用。由此可见，内脏脂肪是人体所必需的。

脂肪可提供必需脂肪酸

亚油酸（Ω-6）和α-亚麻酸（Ω-3）属于必需脂肪酸，必须靠膳食脂肪提供。必需脂肪酸的衍生物具有多种生理功能，如DHA、ARA是大脑、神经组织及视网膜中含量最高的脂肪酸，故对脑及视觉功能发育起到重要的作用。二者所产生的物质还共同参与体内免疫、炎症、心率、血凝以及血管舒缩的调节。

人体细胞膜的主要成分是脂类

磷脂、胆固醇、糖脂都属于脂类，它们是细胞膜的重要组成成分，尤其是人体的神经细胞和大脑细胞结构中一半都是磷脂。

磷脂维持生物膜的结构与功能，构成生物膜（如细胞膜、内质网膜、线粒体膜、核膜、神经髓鞘膜）的基本骨架。磷脂上的多不饱和脂肪酸赋予膜流动性，如卵磷脂是细胞膜的主要结构脂，也是体内胆碱的储存形式。鞘磷脂和鞘糖脂不仅是生物膜的重要组成成分，还参与细胞识别和信息传递。人类红细胞膜20%～30%为神经鞘磷脂。膜结构和功能的改变，可导致线粒体肿胀、细胞膜通透性改变，引起湿疹、鳞屑样皮炎，膜的脆性增加而致红细胞破裂和溶血。磷脂具有活化细胞，维持细胞新陈代谢、基础代谢，增强人体免疫力，促进细胞再生等重要作用。

很多人都知道胆固醇高不好，但是胆固醇也是人体必需的

物质，具有增加细胞膜的韧性、防止细胞膜损伤的作用，还是很多激素（如肾上腺皮质激素、雄性激素、雌激素、孕激素等）的原料，严重缺少胆固醇的人会发生卵巢功能早衰或性功能障碍。

糖脂也是细胞膜上的重要物质，在神经髓鞘中分布广泛，三叉神经痛的发病就与糖脂等摄入不足紧密相关。

脂肪的食物来源主要有植物油、油料作物种子及动物性食物。必需脂肪的最好食物来源是植物油类。胆固醇只存在于动物性食物中，肥肉比瘦肉的含量高，内脏又比肥肉的含量高，脑中含量最高，鱼类的胆固醇和瘦肉相近。胆固醇除了来自食物，还可由人体组织合成，人体每天可合成胆固醇1.0 ~ 1.2克。

糖类

糖类又称碳水化合物，是自然界最丰富的能量物质。糖类是一个大家族，分为三类——单糖、寡糖和多糖。膳食纤维是糖类的重要组成部分，包括了上千个不消化的化合物，如部分寡糖和非淀粉多糖等。

近年来，随着营养学的发展，人们对糖类生理功能的认识已从提供能量扩展到对慢性病的预防，如调节血糖、血脂及改善肠道菌群等，而对糖类与慢性疾病关系的研究也有许多新的成果，这些成果丰富了人类对糖类营养作用的认识和理解。糖类是免疫大军的主要“军粮”，它的作用不可忽视。

糖类提供和储存能量

膳食中的糖类是人类最经济和最主要的能量来源，每克葡萄糖在体内氧化可以产生4千卡的能量。在维持人体健康所需要的能量中，55%～65%由糖类提供。糖原是肌肉和肝脏糖类的储存形式，肝脏约储存机体内1/3的糖原。一旦机体需要，肝脏中的糖原可分解为葡萄糖以提供能量。糖类在体内释放能量较快，供能也快，是神经系统和心肌的主要能源，也是肌肉活动时的主要燃料，对维持神经系统和心脏的正常供能、增强耐力、提高工作效率都有重要意义。

糖类是重要的生命物质

糖类是构成机体组织的重要物质，并参与细胞的组成和多种活动。每个细胞都含有糖类，主要以糖脂、糖蛋白和蛋白多糖的形式存在。糖和脂肪形成的糖脂是细胞与神经组织的结构成分之一。一些具有重要生物活性的物质，如抗体、酶和激素的组成成分，也有糖类参与。

糖类能节约蛋白质

机体需要的能量主要由糖类提供，当膳食中糖类供应不足时，机体为了满足自身对葡萄糖的需要，则通过糖异生作用来合成葡萄糖。由于脂肪一般不能转变成葡萄糖，所以主要动用体内蛋白质，甚至是器官中的蛋白质，如肌肉、肝、肾、心脏中的蛋白质，故可能对人体及各器官造成损害。而摄入足够量的糖类时，则能防止体内或膳食蛋白质转变为葡萄糖，减少蛋白质的消耗，即能节约蛋白质。

糖类具有抗生酮作用

脂肪在体内分解代谢，需要葡萄糖的协同作用。如果糖类不足，脂肪酸不能彻底氧化就会产生过多的酮体，以致发生酮血症和酮尿症，严重时会导致昏迷甚至死亡。这样的问题一般发生在盲目减肥时太严格控制主食的情况下。

糖类具有解毒作用

糖类分解产生的葡萄糖醛酸是体内一种重要的结合解毒剂，葡萄糖醛酸在肝脏中能与许多有害物质（如细菌毒素、酒精、砷等）相结合，以消除或减轻这些物质的毒性或生物活性，从而起到解毒作用。

此外，有研究证实，不消化的糖类在肠道菌的作用下发酵所产生的短链脂肪酸有着较好的解毒和促进健康的作用。

糖类可以增强肠道功能

果胶、抗性淀粉、功能性低聚糖等抗消化的糖类，能刺激肠道蠕动，保持水分，增加结肠发酵和粪便容积，促进短链脂肪酸生成和肠道菌群增殖。近年来，已证实某些不消化的糖类在结肠发酵，可以刺激肠道菌的生长，特别是促进某些有益菌群的增殖，如乳酸杆菌和双歧杆菌，可清除肠道毒素，以减少肠道可能出现的健康风险，维持肠道健康，而肠道健康可以提高身体免疫力。

糖类的主要食物来源是谷薯类食物，就是我们平常吃的主食。主食的种类很多，包括谷类（稻米、小麦、玉米、高粱等）、杂豆类（除大豆之外的芸豆、红豆、绿豆等）以及薯类（土豆、红薯、山药等）等。

维生素

维生素是婴幼儿生长发育过程中不可缺少的一类化合物，它存在于天然食物中。维生素顾名思义，是维持生命的元素，也是免疫大军的“营养品”。虽然人体只需极少量维生素即可满足正常的生理需要，但是一定不能缺乏。

维生素有一个特点，即它们中的大部分在体内不能合成，需要从外界（主要是从食物中）补充。当人体内某种维生素长期缺乏时，会引起代谢紊乱，出现各种症状。但维生素也不是摄入得越多越好，如果过量补充，会发生急、慢性中毒性疾病，危害健康。

维生素按其溶解特性，可分为脂溶性维生素和水溶性维生素两大类，它们

都与儿童的生长发育以及免疫力密切相关。

脂溶性维生素

脂溶性维生素是根据其溶解性而归为一类的维生素，包括维生素A、维生素D、维生素E和维生素K。

脂溶性维生素可溶于脂肪和脂溶剂，不溶于水，需要随脂肪经淋巴系统吸收，吸收后除参与代谢外，不能从尿排出，极少量可随胆汁排出，可在体内有较大储备。当膳食中缺乏此类维生素时，机体短期内不容易出现缺乏。但如果这些维生素长期过量摄入，可能造成大量蓄积而引起中毒。

与水溶性维生素一样，脂溶性维生素也并不构成机体结构成分，也不提供能量，但通过其自身或进一步的体内代谢产物，参与机体众多代谢或细胞调节过程。它一般不能在体内合成，必须由食物提供，但维生素D和维生素K是少有的例外。维生素D可由存在于皮肤内的7-脱氢胆固醇经过日光中紫外线照射而合成，而且此来源比膳食更为重要。而在健康肠道微生态状况下，肠道菌群可合成维生素K的某些成分。脂溶性维生素的膳食来源一般为油脂和脂类丰富的食物。

①维生素 A

维生素A又称为视黄醇，是人体必需的一种脂溶性维生素。维生素A的发现始于人们对食物与夜盲症关系的认识。

维生素A是合成视紫质的原料，人体一旦缺乏维生素A，会使视紫质的形成速度减慢，影响视网膜发育，导致眼睛对暗光不能调节，看不清东西，这就是大家所说的“夜盲”。另外，维生素A对保护视力正常，防治眼干燥症、泪腺分泌减少，防止角膜软化等也起着重要作用。维生素A还对呼吸道及胃肠黏膜有很好的保护作用，可防止皮肤干燥、粗糙，促进身体生长发育。

维生素A与皮肤毛囊角化、粉刺的产生都有关系。维生素A缺乏会导致毛囊增厚（毛囊角质化），黏膜内黏蛋白生成减少，黏膜形态、结构和功能异常，导致黏膜屏障功能下降，可累及咽喉、扁桃体、支气管、肺脏和消化道黏膜。轻度至中度维生素A缺乏的儿童患呼吸道感染和腹泻的风险较高。

人体缺乏维生素A多表现为体液和细胞免疫功能异常，可导致血液淋巴细胞、自然杀伤细胞减少和特异性抗体反应减弱。维生素A摄入不足时，可观察到白细胞数量下降，淋巴器官重量减轻，T细胞功能受损和对免疫原性肿瘤的抵抗力降低。因此，维生素A缺乏可导致人类感染性疾病的发病率和死亡率增加。

富含维生素A的食物有动物肝脏、鸡蛋等动物性食品，建议每周吃两或三次动物肝脏，每天吃一个鸡蛋。蔬果中，橙黄色、深绿色水果和蔬菜，如芒果、木瓜、胡萝卜、南瓜、西蓝花等富含β－胡萝卜素，β－胡萝卜素在人体内可以转化成维生素A，对补充维生素A有较好的效果。

②维生素 D

随着社会的发展和科技的进步，很多人出门都开车，学习和工作也都在室内进行，很少进行户外活动，导致维生素D缺乏日益突出。骨质疏松、高血压、糖尿病等都与维生素D缺乏有关，维生素D还与细胞功能的调节有关。很多研究还认为，维生素D在预防癌症方面起到重要作用，与抑郁等情绪调控也有关，还可以强健骨骼。

人体内的维生素D主要有两种来源：一是从膳食中获得；二是人体皮肤通过阳光照射合成。而后者是更为主要、有效的方式。

户外活动能有效补充维生素D，每天晒太阳30分钟，把手臂和下肢裸露，能够有效帮助人体合成维生素D，促进钙吸收。孩子自出生后2周起，每天应补充维生素D10微克（400国际单位），直到孩子两三岁。因为孩子两三岁后户外活动会比较多，可以通过晒太阳来补充维生素D。但如果孩子户外活动较少，

则每天10微克的维生素D应该持续补充。

日常饮食中，动物性食物所含维生素D相对较多，如动物肝脏、鸡蛋、牛奶、三文鱼等。

③维生素 E

维生素E又名生育酚，是一种重要的脂溶性抗氧化剂，对维持正常免疫功能，特别是T淋巴细胞的功能起到重要作用。这是因为维生素E能够促进免疫细胞的增殖和分化，能清除对免疫T细胞、免疫B细胞产生损害的自由基，维持免疫细胞的正常功能，从而增强机体的免疫力。

植物油是人类膳食中维生素E的主要来源，此外，大麦、燕麦和米糠中的含量也相当高，坚果也是维生素E的优质来源。蛋类、鸡（鸭）、绿叶蔬菜中含有一定量的维生素E，肉类、鱼类、水果及其他蔬菜中含量很少。

水溶性维生素

水溶性维生素包括B族维生素和维生素C，其中B族维生素主要有维生素B_1（硫胺素）、维生素B_2（核黄素）、维生素B_5（烟酸、维生素PP）、维生素B_6（吡哆胺）、维生素B_9（叶酸）、维生素B_{12}（氰钴胺素）等。维生素C、维生素B_2等抗氧化维生素可以清除体内自由基及预防自由基所致的氧化损伤，阻止脂质过氧化，降低细胞膜结构损伤与破坏，能有效降低心血管疾病等慢性疾病的风险。水溶性维生素与神经系统能量消耗和功能维持也有很密切的关系，还可以降低患结肠癌、胃癌、乳腺癌等的风险。

①维生素 C

维生素C是一种重要的营养素，但它是一种水溶性维生素，遇水或高温就容易流失。

维生素C能够提升人体免疫力，在多种维生素中，维生素C对免疫力的提升作用最为明显和明确：其一，它能促进抗体形成，增强免疫力；其二，白细胞的吞噬功能依赖于血浆中的维生素C水平；其三，它可以降低毛细血管的通透性，是人体阻止病毒入侵、保护机体器官的一个屏障。此外，维生素C能帮助人体合成胶原蛋白。当人体长期缺乏维生素C，胶原蛋白合成不足时，就会出现皮下出血、牙龈出血、牙齿松动等症状，这就是坏血病的症状表现，因此维生素C也叫“抗坏血酸”。维生素C还具有解毒的作用，如果我们体内有铅、苯、砷等有毒物质和某些药物毒素蓄积，给予一定量（通常剂量很大，需在医生指导下补充）的维生素C，能够缓解毒性。

维生素C的主要食物来源就是新鲜蔬菜和水果，如柿子椒等深色蔬菜，以及酸枣、猕猴桃、柑橘、柚子等水果。需要注意的是，蔬菜中的维生素C因烹调遇热易流失，而生吃的水果就几乎不存在这个问题。常见的水果中，鲜枣和猕猴桃所含维生素C较高，柑橘类水果的维生素C含量也比较丰富，苹果、梨、桃子、李子、杏、西瓜等水果中的维生素C含量很少。

② B 族维生素

B族维生素参与三大能量代谢，完善神经细胞功能，促进细胞分裂。如果人体缺乏B族维生素，新陈代谢速度就会减慢，易出现记忆力下降、情绪抑

郁、头晕恶心等症状。

身体缺乏B族维生素最典型的症状是大家平常所说的“上火”，反复口腔溃疡，易烦躁，还会出现眼结膜充血。

B族维生素的来源非常丰富，除了全谷物、蛋类、奶类、动物肝脏等食物富含B族维生素之外，绿叶蔬菜中的含量也很丰富。需要注意的是，由于B族维生素是水溶性维生素，在加工和烹饪过程中很容易流失，因此在日常生活中，注意不要过度淘洗谷物，尽量不要食用油炸食品。

维生素B_1

维生素B_1在维持神经、肌肉，特别是心肌的正常功能，以及维持正常食欲、胃肠蠕动和消化分泌方面都有着重要作用。因此，孩子出现消化不良导致食欲不振时，容易造成免疫功能低下。另外，神经组织的能量主要由糖的氧化来供应，当体内缺乏维生素B_1时，神经组织的能量供应会受到影响，大量的丙酮酸及乳酸在神经组织堆积，会导致神经肌肉的兴奋性出现异常，引起多发性神经炎。维生素B_1摄入量持续3个月以上不能满足机体需要者，可出现疲乏无力、烦躁不安、易激动、头痛、恶心、呕吐、食欲减退、胃肠功能紊乱、下肢倦怠、酸痛等症状。若病情持续加重，会感到烦躁不安、声音嘶哑，继而神情淡漠、反应迟钝、嗜睡，严重时发生昏迷惊厥。

维生素B_1缺乏会引起婴儿脚气病。婴儿脚气病多发生于出生数月的婴儿，病情急、发病突然。患儿初期出现食欲不振、呕吐、腹痛、便秘、水肿、心跳快、呼吸急促及困难等表现；继而喉头水肿，形成独特的喉鸣；晚期可发生发绀、心力衰竭、肺充血及肝瘀血，严重时出现脑充血、脑高压、强直痉挛、昏迷甚至死亡。

维生素B_1含量丰富的食物有谷类、豆类及干果类，动物内脏、瘦肉、禽蛋中含量也较高。

维生素B_2

维生素B_2有助于维持肠黏膜的结构与功能，影响人体对铁的吸收和转运过程。铁的吸收障碍会造成孩子缺铁性贫血，贫血会导致免疫力低下。

维生素B_2缺乏会导致口腔生殖系统综合征，包括唇炎、口角炎、舌炎、皮炎、阴囊炎以及角膜血管增生等。早期症状为身体虚弱疲倦、口痛和触痛、眼部发痒，可能还有性格方面的变化；进一步发展可出现唇炎、口角炎、舌炎、鼻及脸部的脂溢性皮炎，男性有阴囊炎，女性偶见阴唇炎。维生素B_2缺乏还可出现角膜血管增生和脑功能失调。

维生素B_2广泛存在于日常膳食中，奶类、蛋类、各种肉类、动物内脏、谷类、蔬菜与水果中均含有维生素B_2，其中奶类和肉类含量相当丰富，谷类和蔬菜也是其主要来源，但谷类加工对维生素B_2存留有显著影响，如精白米中维生素B_2的存留率仅有11%，小麦标准粉中维生素B_2的存留率只有35%。此外，谷类在烹调过程中还会损失一部分维生素B_2。

未经过深度加工的粗粮、新鲜蔬菜和水果是补充维生素的一个非常好的选择。水果和蔬菜在营养成分上有很多相似之处，同样富含膳食纤维、维生素、矿物质以及植物化学物等，但它们是不同的食物种类，其营养价值各有特点，二者是互为补充的关系，不能相互替代。蔬菜的品种远远多于水果，而且深色蔬菜中维生素、矿物质、膳食纤维和植物化学物的含量大都高于水果。而水果所含的水分、糖类、有机酸（如柠檬酸、苹果酸、酒石酸等，有机酸有利于开胃消食）等要比蔬菜多很多，在食用方法上也很方便，无需加热烹饪，其营养成分不受烹调因素影响，能提供更完整的营养。就补充水溶性维生素这一项而言，吃水果比吃蔬菜更好，因为蔬菜在烹饪过程中会导致一部分水溶性维生素大量流失。

矿物质

人体内的元素除碳、氢、氧、氮以有机的形式存在之外，其余统称为矿物质。人体内的矿物质有50多种，但总量不到人体质量的5%。它们的含量虽然很少，但对人体健康有着非常重要的作用，几乎人体的所有重要功能都会涉及它们。

矿物质的生理功能

- 矿物质是构成机体组织的重要成分，如骨骼、牙齿中的钙、磷、镁，蛋白质中的硫、磷等；
- 矿物质是细胞内外液的主要成分，如钾、钠、氯与蛋白质一起维持细胞内外液适宜渗透压，使机体组织能储存一定量的水分；
- 矿物质能维持体内酸碱平衡，如硫、磷等酸性离子与钙、镁、钠等碱性离子适当搭配，碳酸氢盐和蛋白质的缓冲作用可以调节和平衡体内的 pH 值；
- 矿物质参与构成功能性物质，如血红蛋白中的铁，甲状腺素中的碘，超氧化物歧化酶中的锌，谷胱甘肽过氧化物酶中的硒等；
- 矿物质能维持神经和肌肉的正常兴奋性及细胞膜的通透性。

人体内的矿物质来自外界，都是经过膳食一点一点摄入身体的，稍微不注意就会导致矿物质缺乏。与此同时，每天都会有一定量的矿物质通过泌尿道、肠道、汗腺、皮肤、脱落细胞以及头发、指甲等途径排出体外。如果不及时补充缺失的矿物质，人体就会因为营养缺乏而生病。

钙

钙是构成人体骨骼和牙齿的主要成分。身体中的钙，99%沉积在骨骼上，叫作骨骼钙；1%游离在血液中，叫作血清钙。钙与钾、钠和镁离子的平衡共同调节神经肌肉的兴奋性，包括骨骼肌、心肌的收缩，平滑肌及非肌肉细胞的活动和神经兴奋性的维持。当血钙低于正常范围时，神经肌肉的兴奋性增强，可引起肌肉抽搐；而浓度过高时可损害肌肉收缩功能，抑制正常心率与呼吸。钙对凝血功能也有重要作用，有助于止血和伤口愈合。钙还能辅助调节血压。

钙缺乏的主要症状

婴儿手足抽搐症

多见于 1 岁以内的婴儿，抽搐常突然发生。症状轻时仅有惊跳或面部肌肉抽动，意识存在；重时可出现四肢抽动、两眼上翻、口唇发青，知觉暂时丧失。每次发作可为数秒、数分钟或更长，每天可发作数次至数十次。严重时可引起喉头肌肉痉挛，出现喉鸣音，以致呼吸困难、窒息等，如抢救不及时可导致生命危险。

成人骨质疏松症

成人骨质疏松常表现为骨脆性增大，脊柱易受压、变形，易发生压迫性骨折及疼痛，轻微外伤即可引起骨折，常见于股骨、颈部、腕部及肱骨上端。

牛奶和奶制品是最理想的钙源。牛奶含有人体生长发育、保持健康所需的重要营养元素——钙，而且牛奶中的钙是所有食物中最容易被人体消化吸收的，每 100 毫升牛奶含钙高达 100 毫

克，《中国居民膳食指南（2022）》建议我国居民每天摄入奶制品 300 ~ 500 毫升。目前，我国居民饮奶量普遍不足，每日钙摄入量也存在不足。2010—2012 年中国居民营养与健康监测结果显示，我国城乡居民平均每人每天奶类及其制品的摄入量为 24.7 克，不及膳食推荐量的 1/10，其中农村居民的摄入量更低。

此外，牛奶中还含有较丰富的维生素A和B族维生素，它们有利于维护上皮细胞的完整性，对预防呼吸道疾病有帮助；其所含的乳糖有利于肠道益生菌的增殖；所含的蛋白质也是吸收利用率较高的优质蛋白质。

钙的主要食物来源

对于补钙，不少家长存在一个误区，认为多喝骨头汤就能补钙。经常喝骨头汤确实有助于补钙，但单用这种方法补钙远远无法达到身体所需钙量，通过吃虾皮来补钙也是如此。因此，建议大家有意识地每天喝牛奶或者摄入奶制品，如酸奶、奶酪、奶片等均可。芝麻（芝麻酱）、虾皮、海带、紫菜、裙带菜、杏仁、西蓝花等含钙量也较高。

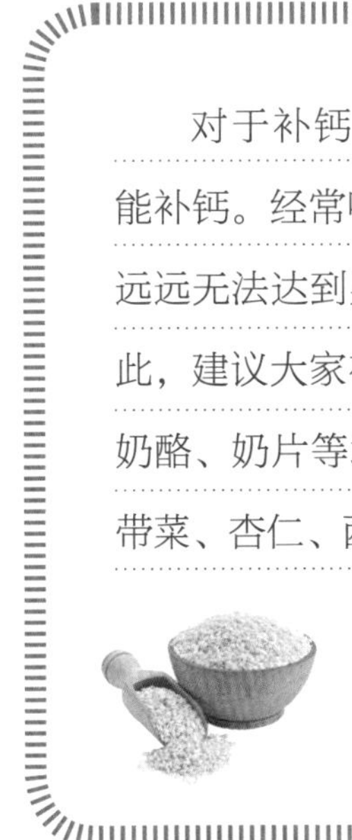

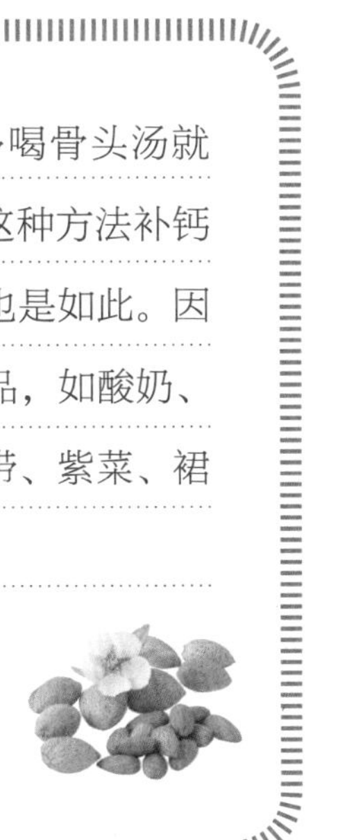

铁

铁是血红蛋白、肌红蛋白、细胞色素以及某些呼吸酶的组成成分，参与体内氧的运送和组织呼吸过程，维持正常的造血功能，参与抗体的产生。铁还可催化β-胡萝卜素转化为维生素A，参与嘌呤与胶原的合成、抗体的产生、脂类在血液中的转运以及药物在肝的解毒等。

铁是造血所需的最主要元素之一，当铁摄入不足而缺铁状态长期无法得到改善时，就可能会引起贫血。铁参与人体内红细胞的形成，红细胞是氧的运输载体，因此缺铁会影响红细胞的生成，进而导致人体缺氧。

铁与我们的免疫力也息息相关。当我们的身体缺铁时，中性粒细胞的杀菌能力会降低，淋巴细胞的免疫功能会受损。有研究表明，铁可以增加中性粒细胞和吞噬细胞的吞噬功能，增强机体的抗感染能力。缺铁的典型表现就是贫血，贫血的人容易感冒、发热，是免疫力低下的表现。

当然，缺铁性贫血的发展是一个缓慢的过程，未达到一定程度时，我们不易察觉，轻微的贫血症状有头晕、乏力、疲倦等。因为缺铁不易被察觉，所以日常饮食更应该有意识地多摄入含铁的食物。

铁的主要食物来源

补铁效果好的食物主要有动物肝脏、动物血、禽畜瘦肉等，这些食物中所含的铁是容易被人体吸收和利用的血红素铁。植物性食物中所含的铁是非血红素铁，不利于人体吸收和利用。所以通过吃菠菜、红枣、枸杞等来补铁是不科学的，其吸收率很低。当然，在补铁的同时，应保证新鲜蔬菜和水果的摄入，它们富含维生素 C，能够促进铁吸收。

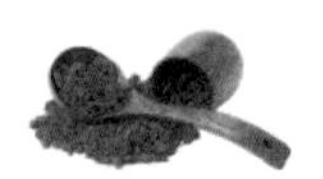
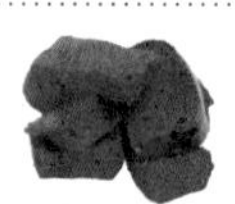

锌

锌在体内广泛存在和细胞内高浓度的特质，使其在机体内发挥着催化功能、结构功能和调节功能。通过这三种功能，锌在个体发育、认知行为、创伤愈合、味觉和免疫调节等方面发挥着重要作用。

锌主要分布在人体的肌肉、骨骼、皮肤、视网膜、前列腺和精液中。它在人体中的总量不过2.0～2.5克，但是对孩子的成长极其重要。锌是促进孩子生长发育和组织再生的重要营养元素，还能促进伤口愈合、促进食欲、保持胰岛素分泌功能、维持免疫功能稳定等。

缺锌的主要表现

生长发育障碍：锌缺乏会影响生长发育，包括骨骼、内脏器官和脑的生长发育。孕期严重锌缺乏可使胚胎发育畸形，胎儿出生后锌缺乏可导致侏儒症。

味觉及嗅觉障碍：异食癖和食欲缺乏是目前公认的缺锌症状。孩子缺锌的表现主要是发育迟缓、食欲不振，有的孩子缺锌会导致异食癖（爱吃土、吃纸屑等）。

皮肤表现：锌缺乏的人往往伴随着铁的缺乏，因此，锌缺乏者一般面色苍白，具有明显的贫血面貌。常见匙状甲、口角溃烂、口角炎、萎缩性舌炎；眼、口、肛门等周围，肢端、肘膝、前臂等处有对称性糜烂、水疱或者脓包；过度角化的斑块。

其他危害：如伤口愈合不良、神经精神障碍、免疫功能减退、胎儿生长障碍等。

锌的主要食物来源

贝类海产品、红色肉类、动物内脏都是锌的极好来源；干酪、虾、燕麦、花生酱、花生等为良好来源。干果类、谷类胚芽和麦麸也富含锌。植物性食物的锌含量较低，过细的加工过程可导致大量的锌丢失，如小麦加工成精面粉后大约会丢失80%的锌。

过多的钙、铜、镉、亚铁离子和膳食纤维、植酸会影响锌的吸收，所以在日常饮食中需要注意，不要同时进食影响锌吸收的食物。

硒

硒是人体必需的微量元素，人体的各个组织中都含有硒。硒是谷胱甘肽过氧化物酶的组成部分，机体通过这种酶来发挥抗氧化作用，从而防止过氧化物在细胞内堆积，保护细胞膜。硒对于维持心肌纤维、血管的正常结构和功能发挥着重要作用。含硒的谷胱甘肽过氧化物酶和维生素E可以减轻视网膜上的氧化损伤，保护视力。几乎所有免疫细胞中都存在硒，所以硒还可以增强机体免疫力。

硒的另一项重要功能是解毒，它对金属有很强的亲和力，能够与体内的重金属结合并排出体外，从而缓解镉、汞、铅等引起的毒性。硒还可以降低黄曲霉毒素的毒性，而对肝脏细胞有保护作用。

硒的主要食物来源

动物性食物中含硒较多，如肝脏、肾脏、海产品和肉类等都是硒的良好来源，谷类等植物性食物的含硒量则随着其种植土壤含硒量高低而不同，在土壤含硒量低的贫困地区应特别注意预防硒缺乏。

碘

人体内70%～80%的碘均存在于甲状腺中，碘是甲状腺合成的重要原料，而甲状腺的主要生理功能是维持和调节机体代谢、促进生长发育。

我国内陆面积大，大部分地区的环境中碘含量较低，容易造成碘摄入不足。为了预防碘缺乏病，从20世纪90年代国家开始实施食盐加碘的措施，已经有效地控制了碘缺乏病的流行。但是近年来，甲状腺疾病有明显上升趋势，具体原因还有待科学研究。从高发人群来看，甲状腺疾病患者多是青春期少年、孕妇、哺乳期妈妈，这多与特殊时期的生理变化和需求变化有关。

人体缺碘会导致碘缺乏病，成人主要表现为甲状腺肿大、甲状腺功能减退、智力障碍、甲状腺功能亢进等。孕妈妈碘缺乏最严重的危害是影响胎儿脑发育。碘过量的危害也很大，长期碘摄入过多或者一次性摄入过多的碘，可能发生高碘性甲状腺肿、甲亢、甲减、慢性淋巴细胞性甲状腺炎、甲状腺癌、碘过敏和碘中毒等。

目前，我国在售的食盐基本都是碘强化食盐（食盐摄入不能过量，每天应不超过5克）。此外，海洋是自然界碘的来源，海产品含碘量很高，如海带、紫菜、鲜海鱼、干贝、海参、海蜇、龙虾等。碘缺乏者可适量增加这类食物的摄入，但是碘过量、甲状腺功能亢进者需要尽量避免食用这类食物。

— 海蜇 —

— 海参 —

— 干贝 —

膳食纤维

膳食纤维是植物的一部分，是不被人体消化的一大类糖类物质，能守护肠道健康，是人体所需的重要营养素，对人体健康有着显著的益处。以前营养学认为膳食纤维就是植物纤维，不能被人体吸收，并未将其视作营养素。随着科学技术的发展，膳食纤维的作用不断被发现和认可，越来越受到关注。

随着经济的发展以及物质生活水平的提高，我国居民的饮食结构逐渐远离素食，从粗茶淡饭变成大鱼大肉，远离了传统低脂、高膳食纤维、富含维生素的饮食习惯，越来越倾向于高脂、高糖、高蛋白的饮食。在这些食物的“滋养”下，身体肠道的有害菌会大量繁殖，导致健康有益菌（爱吃蔬果、纤维的细菌）的比例减少，进而导致肠道免疫力下降，炎症性肠病便随之而来。

膳食纤维的主要作用

膳食纤维可缓解便秘，促进益生菌生长，对维持肠道屏障功能和免疫功能有重要作用。膳食纤维有很强的吸水性，可增大粪便体积，促进肠道蠕动和排便，减少粪便中有害物质对肠道的刺激，保持肠道健康。膳食纤维不仅缩短了有害物质在肠道的停留时间，而且在细菌的分解作用下产生了短链脂肪酸，能降低粪便的pH值，抑制致癌物的产生。另外，可溶性膳食纤维是益生元的来源，可以促进益生菌生长，能增加益生菌的数量，改善肠道菌群。膳食纤维具有促进排便、缩短排便时间、避免排便用力的作用，在日常饮食中增加膳食纤维的摄入，还能有效预防痔疮。

膳食纤维还有助于降低血糖和血胆固醇。有关研究证实，膳食纤维有助于控制血糖，主要是因为可溶性膳食纤维的凝胶性影响了葡萄糖的吸收和利用，减缓了血糖的上升速度。同时，果胶可使体内脱氧胆酸增加，而脱氧胆酸可以减少食物中胆固醇的吸收，因此也有一定的降低血清胆固醇的作用。

膳食纤维能促进有害物质排出。膳食纤维对于促进肠道蠕动和排便都有很重要的作用，同时，它还可以吸收食物中的一些有害物质，如重金属、黄曲霉毒素等，促进毒素排出。

膳食纤维能增加饱腹感，有助于控制体重。膳食纤维吸水性强，可增加食物体积，增强饱腹感，对肥胖人群来说，更有利于控制食物摄入量，从而达到控制体重的目的。

膳食纤维的主要食物来源

膳食纤维的主要获取途径是粗杂粮、蔬菜和水果，其中蔬菜是最为重要的途径。因此，补充膳食纤维必须重视新鲜蔬菜和水果的摄入，健康成人每天蔬菜的摄入量应达到 300 ~ 500 克，水果应达到 200 ~ 350 克。

不过膳食纤维并不是摄入越多越好，摄入过多会导致其他营养素吸收不良。此外，老年人和孩子的胃肠功能较弱，在食用富含膳食纤维的食物时，应做到细、软、烂，以免引起肠胃不适。

植物化学物质

随着营养科学的发展，食物中已知的必需营养素以外的化学成分日益引起营养学家的关注。植物化学物质是植物中含有的活跃且具有保健作用的物质，被誉为“植物给予人类的礼物”。植物化学物质是近年来人类一大重要发现，其重要意义可与抗生素、维生素的发现相媲美。

植物化学物质成分主要包括酚类、萜类、含硫化合物、植物多糖等，它们在预防慢性病方面发挥的作用令人瞩目。这些化学成分多存在于植物性食物中，故泛称为植物化学物质。

植物化学物质具有抗氧化、调节免疫力、抗感染、降低胆固醇、延缓衰老等多种生理功能，因此，它们在保护人体健康和预防诸如心血管疾病和癌症等慢性疾病中具有不可忽视的作用。

植物化学物质有各种各样的颜色，不同颜色蔬菜中的植物化学物质各不相同，但是大多是对人体有益的。以红色、橘红色为基础色的食物中主要含有类胡萝卜素、异黄酮等植物化学物质，如胡萝卜、橘子、西红柿等。富含β-胡萝卜素的果蔬是我国居民膳食维生素A的主要来源，可降低心脏病、癌症及老年性黄斑变性的发生率；异黄酮可预防多种疾病，如心脏病、乳腺癌、骨质疏松症等。

以绿色为基础色的食物中主要含有叶绿素、异硫氰酸盐、吲哚等植物化学物质。叶绿素可抗细胞突变，异硫氰酸盐、吲哚有一定的抗癌效果。

以紫红色为基础色的食物中主要含有花青素、单宁等，如葡萄、紫甘蓝、红苋菜等紫色食物具有很强的抗氧化作用，可以保护人体免受自由基的伤害。还有一些其他带颜色的植物化学物质，如使蔬菜呈现黄色的姜黄素、柠檬油精。

餐餐吃蔬菜、天天吃水果、蔬果品种多样化换着吃，是尽可能多地摄入植物化学物质的最好方法。

水

水是人体维持基本生命活动的必要物质，人对水的需要仅次于氧气。我们的身体是由骨骼、肌肉、皮肤、毛发、脏器等各种器官和组织构成，而支撑这些器官和组织生存的基础就是水分，人体的每个细胞都需要水的滋养，包括我们免疫系统中的免疫器官和免疫细胞。在人体所有成分中，水的含量最多，约占体重的2/3。这些水分对各个器官、关节、肌肉起着缓冲、润滑的作用，更重要的是，水无时无刻不在参与人体的新陈代谢和生理化学反应，能够帮助人体消化、排泄、平衡体温、补充血液容量等。

一个人短期不吃饭，只要能喝到水，即使体重减轻40%，也不至于死亡。但如果几天喝不上水，机体失水6%以上，就会感到乏力、无尿，失水达20%就会死亡。由此可见水对于我们身体的重要性。

当然，饮水过多也会引发问题，如水中毒，但这种情况多见于肾病、肝病、充血性心力衰竭等患者，正常人极少发生水中毒，反而普遍存在饮水不足的问题。

日常生活中，大家要多喝水，感冒发热等小病小痛期间更要多喝水。多喝水可以加速新陈代谢，增加尿量，促进排尿，进而加快毒素排出；可以调节体温，多喝水就会多出汗、多排尿，经由汗液的蒸发和小便的排泄可以帮助人体散热，使发热者身体温度降低，缓解发热症状；可以补充因呕吐、腹泻而造成

的水分消耗；还可以保持口腔、鼻黏膜湿润，缓解感冒带来的口干舌燥、喉咙干痒等不适症状。

虽然人人都在喝水，但事实上很多人并没有喝对。水的作用就是给人体提供水分，大家不要以为水中含有的营养元素越多就越好，不要迷信那些碱性水、离子水、苏打水、蒸馏水、矿物质水等“功能水”“概念水”。喝白开水是最好的补水方式，最经济、方便、安全、有效。

水中钙、镁离子的浓度决定了水的软硬度。水的硬度高会影响水的口感，同时会给生活带来一点小麻烦，例如水壶内容易产生水垢，洗浴后皮肤粗糙发紧、头发毛躁无光，清洁剂清洁衣服效率低且衣物纤维发硬等。硬度太高的水对肾脏的负担较大，尤其是小婴儿，内脏还未发育成熟，不建议饮用硬水。

有的人认为，只要不渴就是不缺水，渴了多喝点就好。这种想法是不对的。当我们感到口渴时，说明体内细胞缺水已经有一段时间了，这时才补水已经晚了。

那么，每个人每天到底要喝多少水呢？按照每天1500～1700毫升总饮水量，每次喝200毫升水，每天要喝8杯水。如果平时有运动的习惯，运动开始前应该预先补水，可以预防因运动造成的水分流失，否则运动过程中可能会因为排汗水过多、体内电解质紊乱而产生心慌气短、头晕等症状，而运动后再大量饮水容易造成心脏负担。另外，运动后、高温出汗后，猛喝冷水、冰水对身体很不好，容易引发胃痉挛。

此外，不提倡喝过热、过烫的水，会造成从口腔到食管的物理性、机械性损伤。据调查统计，食管癌与长期吃烫的食物有一定关系。适宜的饮用水温是30℃左右，最高40℃。这个温度的白开水接近体温，可以用手感来衡量和判断，手感不烫也不凉时就是适合饮用的温度了。

有人认为，只要是能喝的东西，如饮料、牛奶、酒、咖啡，就都能补水。这种想法大错特错。长期用饮料、咖啡、酒等饮品替代水，身体不仅会缺水，还会生病。例如，饮料中含的糖分很多，食品添加剂也很多，容易导致肥胖，会增加龋齿的风险，还会导致钙流失，增加骨质疏松症、骨折的风险，这些都是经过科学研究证实的结论。

增强抗病力常用的保健食物

平常我们吃的食物有成百上千种，但各种食物所含的营养成分不完全相同，没有任何一种食物能提供给我们身体所需要的全部营养物质，关键在于调配多种不同的食物，组成合理膳食，以提供机体所需的多种营养素，并适当多吃有利于增强抗病力的保健食物，以达到合理补充营养、提高抗病力的目的。

五谷杂粮类

五谷杂粮类在我们的膳食里被称作“主食”，一日三餐都离不开它。常见的谷类有大米、小米、小麦、高粱、荞麦等。谷类最主要的作用就是为我们提供身体所需要的能量，当我们吃进50克米或者面所制作成的米饭、馒头、面条或粥类时，就可以从中获得约175千卡的能量。

谷类还提供相当数量的B族维生素和矿物质，此外还含有膳食纤维。目前我国居民膳食中60%～80%的能量是由谷类提供的。

以肉类和油脂为主要能量来源的西方膳食，正面临高发生率的冠心病、高脂血症的严峻挑战。英美科学家均看好东方膳食的益处，建议其国民增加谷类食物的摄入。但是谷类中蛋白质的营养价值较低，并且缺乏赖氨酸，因此在进食谷类时应搭配鸡蛋、瘦肉、牛奶、豆制品等食物，发挥互补效应，提高谷类蛋白质的营养价值。

由于谷类中的B族维生素以及矿物质均存在于外胚和糊粉层中，因此谷类加工越精细，营养成分损失就越大，膳食纤维和维生素等的损失也越大。因此，为了保留谷类中原有的营养成分，谷类的加工精度应适当。在做饭前淘米时应尽量减少搓洗，更不要把米浸泡很长时间后再淘洗，以减少营养成分的损失。

从营养角度来说，粗粮比精米精面中含有更多的维生素和矿物质；从健康角度来说，粗粮中的膳食纤维有助于排便；从生长发育角度来说，粗粮可以更好地锻炼孩子的咀嚼能力。孩子8～9个月时就可以试着吃少量粗杂粮了，可以从比较容易咀嚼和消化的粗粮开始，然后随着年龄的增长逐渐增加粗粮的种类。2岁以下孩子的咀嚼和吞咽功能还没有发育成熟，吃整粒的粗粮可能会噎到，也可能直接吞咽造成“整吃整拉”。所以给孩子吃杂粮时，要煮软、弄碎后再喂给孩子吃。此外，不要给孩子吃纯粗粮，可以按照合适的比例与精米、精面混合，这样不仅口感好，还更容易消化吸收。

蔬菜水果类

蔬菜水果是人们生活中重要的营养食品之一，它们具有鲜艳的色泽、可口的味道，还含有丰富的营养，对人体健康起着重要的作用。

果蔬藏有三宝，即维生素、无机盐和膳食纤维。新鲜的水果蔬菜中含有丰富的维生素，是膳食中胡萝卜素、维生素C和B族维生素的重要来源。各种绿叶蔬菜和深黄色蔬菜，如胡萝卜、黄花菜等都含有丰富的B族维生素，但是白色蔬菜，如菜花、白萝卜中所含的胡萝卜素则较低。青柿椒、菜花、苦瓜等所有新鲜蔬菜，以及酸枣、猕猴桃、山楂、柑橘等各种水果，均含有丰富的维生素C。

蔬菜水果也是人体矿物质的重要来源，特别是钙、磷、钾、镁、铁、铜、碘等，参与人体重要的生理功能。绿叶蔬菜比瓜类蔬菜含有更多的矿物质，油菜、小白菜、芹菜、雪里蕻等也是钙的良好来源，它们在体内最终的代谢产物呈碱性，能够协助身体保持酸碱平衡，以维持体液的稳态。

蔬菜水果中还含有丰富的膳食纤维，能促进粪便排出，减少胆固醇的吸收，维护身体健康，并预防动脉粥样硬化。

水果营养丰富，但是如果制作成果干则水溶性营养流失较多，不过携带起来比较方便，容易保存，可以根据需要做合理方便的选择。

禽畜蛋奶类

人们常说的肉类指猪肉、牛肉、羊肉、兔肉和鸡肉以及动物内脏等，这些肉类的蛋白质含量为16%～26%。肉类所含的必需氨基酸比较均衡，容易被人体消化吸收利用，所以被认为是优质蛋白质。肉类也是人体所需要的铁、铜、锌、钼、磷、钾、镁、钠等矿物质的良好来源。此外，肉类之所以受到人们的喜爱，成为餐桌上不可缺少的美食，是因为肉类中的含氮浸出物有刺激胃液分泌的作用，炖汤或用油烹调时，这些物质可产生特殊的“鲜味”，能够增强我们的食欲。

动物内脏也属肉类，其中肝脏的营养价值特别高，能够提供丰富的铁、维生素A、烟酸和维生素B_2。因此，定期食用一定量的肝脏有利于健康。

在选择肉类时，每种肉类各有特色。猪、牛、羊肉中，猪肉的脂肪含量最多，即使是纯瘦猪肉，脂肪含量也在20%～30%，而且多为饱和脂肪酸；牛

羊肉的脂肪含量相对较低，蛋白质和铁、铜的含量则较高。鸡肉也是一种高蛋白、低脂肪的肉类，其脂肪含量仅2.5%左右，且鸡肉的结缔组织柔软，脂肪分布均匀，易于消化和吸收。值得一提的是兔肉，它富含蛋白质，且脂肪含量低于0.4%，适合肥胖症患者及有减脂需求者食用。

蛋类是一种深受我国居民喜欢和重视的食品，其营养丰富，蛋白质含量高，而且鸡蛋的蛋白质是所有食物蛋白质中生物价值最高的。全蛋的蛋白质消化率高达98%，所以蛋类是天然食品中优质蛋白质的最好来源。蛋类中钙的含量虽少，但磷含量较多，对生长发育中的儿童非常重要。蛋类中铁的含量比较丰富，但其吸收利用率不如瘦肉和肝脏。鸡蛋还含有维生素A和B族维生素等，能够发挥重要的生理作用。鸡蛋中含有约12％的脂肪，几乎全部集中在蛋黄里，容易消化吸收，而且含有必需脂肪酸和丰富的磷脂、卵磷脂及胆固醇，这些都是人体生长发育和新陈代谢所不可缺少的。

鸡蛋的营养成分全面而均衡，是一种经济实惠、营养价值高的健康食品。然而，当人们了解到动脉粥样硬化和冠心病患者的血液中胆固醇含量有所增高，就对胆固醇产生了畏惧心理，害怕蛋黄中的胆固醇对身体有害，干脆连鸡蛋也不吃了。其实这种顾虑是没必要的，正常情况下，胆固醇对人体有益无害，因此每天吃1个鸡蛋，或每周吃3～4个鸡蛋并不为多。

鸡蛋的各种烹调方法，不论是煮、蒸、煎、炒，都不会对其营养量有太大影响。需要注意的是，如果是煎鸡蛋，则油量不要太多，油温不要太高。

奶类除了不含有膳食纤维，几乎含有人体所需要的其他各种营养素，并且易于消化吸收，是适合所有人群的营养食品。奶类蛋白质的生物价值仅次于蛋类，也是一种优质蛋白，其中赖氨酸和蛋氨酸的含量较高，能补充谷类蛋白质氨基酸构成的不足。奶类中还含有丰富的无机盐，特别是钙、磷，每升牛奶可提供1200毫克的钙质，同时其钙的吸收利用率很高，因此，补充足够的奶类食品是补钙、促进生长、防治骨质疏松症的法宝。常见的奶制品有炼乳、奶粉、酸奶、奶酪等，从营养角度看，这些奶制品的营养价值大致相同。酸奶是牛奶加入乳酸杆菌后发酵制成的，营养丰富，更适合胃酸缺乏及消化不良的人食用。需要注意的是，一次摄入过多的牛奶有可能产生腹胀、腹泻等不适症状，也不利于消化吸收。可以在喝牛奶前吃一些馒头、饼干或稀饭等食物，这样有助于牛奶的消化吸收。

水产类

说到水产品，我们就会想到味道鲜美的鱼、虾、贝、蟹等。从营养学的角度来说，水产品尤其是鱼的肉质细嫩，容易咀嚼、消化和吸收，消化率高达87%~98%，非常适合老年人、儿童和消化功能减退的病人食用。鱼肉中富含优质蛋白质，其必需氨基酸的含量及比例与人体相似。鱼肉的脂肪含量不高，多数只含有1%~3%的脂肪，而且多为不饱和脂肪酸，比动物肉类更容易消化吸收。其中，EPA能够降低血脂水平，DHA可以辅助儿童增强大脑发育。鱼肉除了含少量的B族维生素以外，鱼油中还含有脂溶性维生素A和维生素D，尤其是鱼肝油中的含量更丰富，为其他肉类所不及。

据说南北极地区虽然缺少阳光，但居民很少得佝偻病和骨质软化症，就是因为他们经常吃鱼，从鱼肉中获得了充足的维生素D。与畜肉相比，鱼类所含的矿物质种类和数量均较为丰富。人们可以从鱼类中获取钙、磷、铜和锌等矿物质，而且鱼肉中的钙是同蛋白质结合在一起的，更利于人体消化吸收。

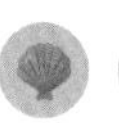

孩子生长发育特殊需求营养计划

营养是人体正常生长发育和维持健康所必需的物质。孩子正处于快速生长发育的阶段，需要摄入更多的能量和营养物质来支持其生长发育。因此，家长应根据孩子的生长发育特点为其补充所需营养。

孩子身高发育每个阶段需要的营养

作为父母，都希望自己的孩子身材高挑，体形优美。

那么如何才能让孩子长得高一些呢？如果父母都不高，孩子有可能突破基因，身高超过家长吗？吃什么才能助力孩子长高呢？

把握骨骼发育的两个高峰期

孩子的生长发育是一个连续的、有阶段性的过程。从出生到青春期结束，体格生长连续不断地进行。但是，生长不是匀速的，各个年龄段的生长速度并不相同。

①第一个生长高峰：出生后的第一年

出生后的第一年是生长发育的第一个高峰。在我国，婴儿的平均出生身长约为50厘米，到1岁时平均身长已经达到了75厘米。到2岁时身长约为85厘米，2岁以后身高每年增长5～7厘米。

②第二个生长高峰：青春期

女孩在乳房发育后（9～11岁）开始进入青春期，身高增长加速阶段可延续6～7年，在16～17岁时长骨停止生长。

男孩在睾丸增大后（11～13岁）身高开始加速生长。男孩身高发育延续时间较长，在17～22岁时骨骼停止生长。虽然男孩的青春期约晚于女孩2年，但每年身高的增长值大于女孩，身高增长加速阶段延续时间长，因此最终男孩普遍比女孩高。

认清影响孩子身高的先天与后天因素

很多年来，人们一直坚信“爹矮矮一个，娘矮矮一窝”的说法，因此有许多家长认为，自己本身的身高就不高，对于孩子能长多高也不抱太大希望。其实，孩子“七分天注定，三分靠后天”。遗传因素的作用虽然是所有影响身高因素中最重要的，但是对最终身高的决定性比例也仅为75%，后天还是有很大的弥补空间的。

家长们可以通过以下公式大致计算出孩子未来的身高值。

男孩：（爸爸身高+妈妈身高+13）÷2±7.5（厘米）
女孩：（爸爸身高+妈妈身高−13）÷2±6（厘米）

公式中的前半部分是身高的基础值，是由基因来决定；而后面±的数值则由后天的因素来决定。

狠抓孩子在关键期的关键营养素摄取

影响孩子身高的后天因素有饮食营养、运动、生理、环境等方面，其中营养是最关键的后天因素。

几乎所有人都知道钙和骨骼有密切的关系，但其实和骨骼生长有关的营养素不仅有钙、镁、锌、铁等一些矿物质，还有蛋白质和维生素A、维生素D、维生素C等。

①钙——构建骨骼的“钢筋”

钙是骨骼的主要构成成分，在骨骼的生长过程中如果缺钙，会影响骨量的积累和骨骼的硬度，从而影响身高的发育。因此，每日充足的钙摄入量对处在生长发育期的孩子来说非常重要。家长应该根据孩子所处的年龄段，为孩子补充身体所需的钙量。下图为不同年龄段的孩子每日所需的钙量，供家长们参考。

年龄 / 岁	钙的参考摄入量
1~3	600 毫克 / 天
4~10	800 毫克 / 天
11~13	1200 毫克 / 天
14~17	1000 毫克 / 天

注：以上数据来源于中国营养学会《中国居民膳食指南（2016）》

富含钙的食物主要有奶及奶制品、豆制品、海带、虾皮、芝麻酱等。其中，牛奶是最好的补钙食品，每100毫升牛奶大约可以提供100毫克的钙。

②锌——促进生长发育

锌是促进生长发育的关键营养素之一，对骨骼生长有着重要的作用。首先，锌是人体中众多酶不可缺少的部分，而有些酶与骨骼生长发育密切相关；其次，锌缺乏会影响生长激素、肾上腺激素以及胰岛素的合成、分泌及活力；再次，锌会影响蛋白质的合成，与孩子的智力和生长发育密切相关；最后，锌会影响人体的免疫功能。

学龄前儿童锌的推荐摄入量为每日12毫克。锌的来源广泛，但食物中的锌含量差别很大，吸收利用率也有很大差异。贝壳类海产品、红色肉类、动物内脏都是锌的极好来源。植物性食物含锌量较低，精细的粮食加工过程可导致锌大量丢失。例如，在小麦加工成精面粉的过程中，大约80％的锌会流失；豆类制成罐头，锌含量会损失60％左右。

③蛋白质——构建骨骼的“水泥”

大家都知道骨骼的主要成分是钙，其实除了无机成分之外，骨骼中还含有很多有机成分，这就是骨胶原。骨胶原决定着骨骼的弹性与韧性，主要组成成分有甘氨酸、脯氨酸、赖氨酸、羟脯氨酸和羟赖氨酸等氨基酸。由此可见，骨骼的构建同样离不开蛋白质的及时供给。

此外，儿童身高的增长主要靠生长激素来调节，这一作用主要通过IGF-1这种因子来实现，而蛋白质是影响人体IGF-1的水平的重要物质基础。所以，蛋白质的摄入量，尤其是优质蛋白的摄入量，会直接影响孩子的身高。

优质蛋白的主要来源有奶及奶制品、鸡蛋、大豆制品、鱼类、瘦肉等。

④维生素 A——长高的基础营养

儿童缺乏维生素A时，表现为骨组织停止生长，发育迟缓。另外，可出现齿龈增生角化，牙齿生长延缓，其表面可出现裂纹，并容易发生龋齿。

维生素A在动物性食物中含量丰富，最好的来源是各种动物的肝脏、鱼肝油、全奶、蛋黄等。胡萝卜、菠菜、韭菜、雪里蕻、杏、香蕉、柿子等植物性食物中富含β－胡萝卜素，β－胡萝卜素在体内可以转化成维生素A。

⑤维生素 D——骨钙的“输送管道”

维生素D可以促进肠道对钙的吸收，减少肾脏钙排泄，如同输送管道一样，源源不断地把吃进来的钙补充到骨骼中去。

维生素D主要存在于深海鱼、肝脏、蛋黄等食物和鱼肝油中。此外，经常晒太阳是人体获得维生素D的最好方式。

⑥维生素 C——骨骼软骨形成的必要成分

维生素C对胶原质的形成非常重要，也是骨骼、软骨和结缔组织生长的主要营养素。如果孩子的体内缺乏维生素C，骨细胞间质就会形成缺陷而变脆，进而影响骨骼的生长，导致生长发育变缓、身材矮小等。

维生素C主要来源于新鲜蔬菜与水果。蔬菜中，辣椒、茼蒿、苦瓜、白菜、豆角、菠菜、土豆、韭菜等富含维生素C；水果中，酸枣、红枣、草莓、柑橘、柠檬等的维生素C含量较多。

重视影响身高的其他因素

①充足的睡眠

有关研究发现，生长激素在睡眠状态下的分泌量是清醒状态下的3倍左右。在临床实践中也常常发现，平时睡眠不深、容易被惊醒，或经常做梦、睡眠质量较差的孩子往往生长速度较慢。

睡眠时长因年龄而异。一般来说，新生儿每天需要14～20小时睡眠，1～6岁儿童每天需要睡11～14小时，7～10岁儿童每天的睡眠时间要达到10小时，青春期要求保证每天有9～10小时的睡眠。

②适量合理的运动

运动是促进身体发育和增强体质的最有效方法。运动本身并不能使遗传预定的身高增加，但是可以促进遗传潜力得到最大限度的发挥。据研究报告，经常运动的孩子比较少运动的孩子能多长高2～3厘米。

有助于长高的运动包括弹跳运动（如跳绳、跑步）、伸展运动（如单杠、仰卧起坐），以及全身性运动（如篮球、排球、羽毛球和游泳）等。

③良好的心理状态和稳定的情绪状态

良好的心理是体格发育的前提条件，如果长期处于压力过大、精神紧张、抑郁等情绪中，会影响孩子长个儿，对孩子的身心健康十分不利。所以，家长要帮助孩子培养心理应对能力和情绪调控能力。

孩子四季保健饮食需要的营养

春季长高饮食调理

经过一个冬天的积蓄和等待，又迎来了生机勃勃的春天。春天是生长的季节，该怎样给孩子安排饮食呢?

①春季早餐

俗话说“春眠不觉晓”，人们往往在春季的早上睡意最浓。因为贪睡，早餐的时间显得更为紧张，所以春天要特别注意在前一天晚上做好早餐计划，预先准备早餐食材。

早餐承担着唤醒身体活力的任务，也要为一上午的活动预备充足能量。春天气候转暖，孩子的活动量增大，因此早餐的热量要保证达到每日需要量的25%～30%，而且要有足够的蛋白质供应。此外，春天的早餐需要更多的维生素，特别是B族维生素和维生素C。从气候角度来说，春天气候干燥，孩子往往感觉早上口干舌燥，非常需要一份能够补水的早餐。

建议家长们选择营养丰富且准备起来节省时间的食物作为早餐，如面包、包子、蛋糕、豆粥、燕麦片、营养挂面等，配以富含蛋白质的食物，如牛奶、豆浆、鸡蛋等。水果、蔬菜或果汁也应准备一份。孩子身体代谢快，对水分的

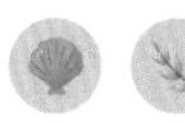

需求量比成年人要多，早上起床时需要先喝一杯白开水或淡蜂蜜水。如果没有供应牛奶和豆浆等流质食物，那么主食最好能有粥汤类，或再补充一大杯白开水。考虑到春天的气温仍不太高，饮食整体应以温热为主，不要太凉。过凉的食物容易损伤孩子的脾胃，影响消化吸收。

营养师推荐食谱

全麦面包1片，面包中间夹入1个煎蛋、1片奶酪和1片生菜；
白开水1杯；
酸奶1小杯。

②春季午餐

春天万物复苏，人体阳气生发，是补阳气的时机，也是提高身体抵抗力的好时候。但春天也是细菌滋生的季节，只有令身体代谢功能旺盛、抵抗力增强，才能抵御渐渐活跃起来的病菌侵袭。此时应当补益脾胃，提高消化吸收的功能，以增强身体的抗病力。

由于午餐在一日营养供应当中的份额最大，占40%左右，因此需要供应富含蛋白质的食物和蔬菜类。同时，还要有利于促进食欲，也要容易消化，烹调时不宜加过多的油。

春天的新鲜蔬菜往往供应不足，要特别注意菜肴原料的多样化，可多选用葱、蒜、韭菜等食品，既能增加食欲，又能培补阳气。山药、芋头、牛肉、鸡肉、鱼类、榛子、花生、山楂、大枣、苹果等都是很好的健脾食物，非常适合在春季食用。

营养师推荐食谱

胡萝卜炖牛肉半碗；
蒜蓉香菇炒菜心半盘；
拌豆腐丝1碟；
大枣蒸米饭1碗。

③春季晚餐

冬天因为天气寒冷，水果和凉拌菜的摄入量会相对减少，过了冬天以后，人们往往会出现微量营养素缺乏和膳食纤维不足的情况，更容易发生便秘，故而春季要注意补充富含微量营养素和膳食纤维的食物。春季晚间气温相对偏低，因此晚餐仍要摄入热量较高的食物。然而由于天气日趋温暖，气候也比较干燥，不宜食用过于燥热的食物，以免对呼吸系统不利，并增加皮肤生痘的危险。

总体来说，晚上的活动量不大，所以需要的热量比中午要少，占一日的30%左右即可。烹调不能过分油腻，但要补足一天当中所需的矿物质和膳食纤维，所以食物的体积也不能太小。晚餐时间较为充裕，家长们可以选择烹调起来略费时间的食品，如粗粮、薯类，以及需要较多前处理的蔬菜等。鸡汤、豆豉等可帮助预防感冒，菌类、酸奶有利于增强免疫力，粗粮和豆类可以帮助排除污染，这些食物都适合春季晚间食用。食物调味可以较为丰富，充分利用多种调味品，以加强脾胃功能，促进消化吸收。

营养师推荐食谱

草菇炖鸡块小半碗；豆豉炒豆角小半盘；拌莴笋小半盘；青菜海米豆腐汤1小碗；红豆米饭半碗。

夏日防暑饮食调理

夏天天气炎热，身体必须靠大量出汗来维持体温的恒定。汗水的成分相当复杂，除水分之外，还含有钠、钾、钙、镁等矿物质，维生素C和多种B族维生素，以及少量蛋白质等。高温会使消化液分泌减少，消化能力下降，而出汗导致的营养素和水分的大量损失，加重了食欲不振、四肢乏力的感觉。而且孩子的体温调节能力比成年人差，新陈代谢又快，身体对水分和营养素的缺乏更为敏感。

那么，怎样才能帮助孩子健康地度过酷暑呢？

①吃水果，喝粥汤，补充电解质

炎热的夏季一定要给孩子供给足够多的富含水分的食品。更重要的是，要补充出汗时损失的各种矿物质，尤其是钠和钾。钾和孩子的抗高温能力有关，体内缺钾时，孩子很容易中暑。

夏天是甜饮料消费的旺季，但是绝大多数甜饮料仅仅含有糖分和水分，却不能提供钠、钾、钙、镁等电解质，也不含维生素。因此，不要用甜饮料来为孩子解渴。

什么样的食品和饮料含有足够多的电解质呢？水果当然是非常好的选择。各种新鲜时令水果都含有丰富的矿物质，具有较好的解暑作用。家长应鼓励孩子吃水果，也可以制作新鲜的果汁或果泥给孩子吃，这样可以吃到更多的水果。

另一个很好的选择就是营养丰富的粥汤和解暑饮料，其中尤以豆汤、豆粥对补充矿物质最有帮助。豆类含有夏天所需要的各种营养成分，富含解暑物质和抗氧化成分，非常适合孩子吃。很多家长只知道绿豆汤特别适合在夏天吃，其实扁豆汤、红豆汤、豌豆汤也非常不错。在这里要提醒各位，煮汤的时候记得不要把豆皮去掉，而且要盖着锅盖来煮，以减少豆皮中多酚类物质的氧化。

果汁和豆汤所含有的养分远远胜过那些昂贵的功能性饮料和运动饮料。当然，这些功能性饮料当中也含有一些维生素和矿物质，但运动饮料常常含有过多的钠，而维生素饮料中维生素C的含量很高，但维生素B_1和维生素B_2却不见

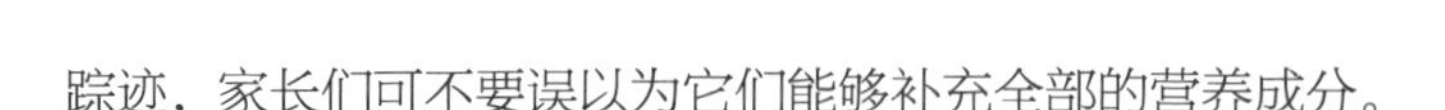

踪迹，家长们可不要误以为它们能够补充全部的营养成分。

给孩子供应汤水时，一定要注意少量多次，因为暴饮可能造成突然的大量排汗，还会导致孩子食欲减退。刚从冰箱中拿出来的饮料和水果，一定要在室温下放置一会儿再食用，避免冷凉作用让胃肠血管收缩，影响消化吸收，甚至引起腹痛、腹泻。

②酸奶、鸡蛋和豆类，供应蛋白质

孩子正处于快速生长期，我们都知道蛋白质对生长发育特别重要，在35℃以上的高温环境中，人体通过排汗会损失大量蛋白质，同时体内蛋白质分解也会增加。然而，炎热天气孩子往往食欲不振，最容易发生蛋白质摄入不足的现象。

虽然大量的水果和汤羹会带来水分、电解质和B族维生素，却不能为孩子提供足够的蛋白质。因此，用清爽而容易消化的食物来供应蛋白质，是夏天补充营养的重点。豆类、奶类、蛋类和瘦肉都是不错的选择。每天如果能保证250毫升奶、1个蛋、100克豆腐、50克瘦肉和鱼，再加上豆粥和少量坚果，基本上可以满足孩子的蛋白质需求。

酸奶是夏天特别好的儿童食品。酸奶的营养价值高于牛奶，它不仅含有极易消化的蛋白质、B族维生素和钙，还含有大量活性乳酸菌，能够改善消化吸收功能，也能抑制肠道中的腐败菌，可以帮助孩子在夏天提高抵抗力，避免肠道感染性疾病。同时，酸奶味道可口、口感清凉，喝了不会上火，喝牛奶容易发生不适的孩子可以用酸奶来代替补充营养。

蛋类可以提供不少的维生素A和维生素D，又容易消化，可以帮孩子在夏日里补充营养。家长们在烹调肉蛋类的时候，要注意口味清淡一点，可以把炒鸡蛋换成鸡蛋羹，把红烧肉换成清炖肉。

坚果的营养价值很高，对孩子的智力发育也有好处。但目前市场上的加工坚果往往含有过多的盐分，还可能含有明矾、甜味剂、抗氧化剂等添加成分，

因此，如果给孩子吃坚果，最好选择原味的、没有经过炒制的新鲜天然产品。每天吃两个核桃或者七八粒杏仁，这样孩子不易上火。

③绿叶蔬菜加杂粮，补充维生素

夏季人体出汗多，会损失大量的维生素C、维生素B_1和维生素B_2，据测定，高温天气中人体对水溶性的维生素需要量是平时的2倍以上。而缺乏这些维生素会使人身体倦怠、抵抗力下降。

补充维生素C的好办法是多吃蔬菜和水果，补充维生素B_1的好食品是豆类和粗粮，维生素B_2的良好来源则是牛奶和绿叶菜。

炎热的夏天，很多孩子喜欢喝甜饮料、吃白粥，而这些食物的维生素含量较低。粗粮的营养价值远远高于精米，不妨把它们制作成杂粮粥，如八宝粥、小米粥等，经常给孩子吃，以补充身体所需营养。

选择蔬菜时，建议多挑选深绿叶蔬菜。这是因为，无论是维生素还是矿物质，或是抗氧化成分，深绿叶蔬菜中的含量比浅色蔬菜要高。有些家庭喜欢吃黄瓜、冬瓜等浅色蔬菜，殊不知，它们虽然能清火利水，却不能提供足够的养分。夏天的餐桌上建议深绿叶菜搭配一些浅色蔬菜，这样能给孩子们提供更全面的营养。

考虑到孩子在夏天的消化功能会有所下降，在调味上的原则是少油腻、多酸香。当然，不能忽略的一点是保证食品卫生，凉拌蔬菜一定要清洗干净。

④少吃冷饮，保持食欲

夏天，几乎所有孩子都爱吃冷饮。但实际上，冷饮只能使口腔感到凉爽，并非解暑佳品。

研究证明，冷饮不能降低人的体温，相反，由于血管遇冷收缩，反而降低了身体散热的速度。此外，冷饮中含有大量糖分，不仅不能解渴，反而可能越吃越渴。冷饮还会刺激胃肠壁，降低消化能力。孩子餐前吃冷饮会严重降低食欲，影响生长发育。此外，经常吃冷饮会妨碍咽喉部位的血液循环，降低咽喉的抵抗力，使孩子更容易发生呼吸道感染。

因此，家长们一定要限制孩子吃冷饮的数量，而且建议在饭后1小时后食用。

营养师推荐食谱

夏日爽口营养食谱

多味菠菜

原料：新鲜菠菜250克，芝麻酱1勺，盐、醋、鸡精各适量。

做法：

1.菠菜去老叶和根，洗净。

2.将菠菜放入沸水锅中焯1分钟后捞起，立即摊开凉凉。

3.熟菠菜放漏篮中控去水分，切成3厘米长的段。

4.将芝麻酱用热水调开，加盐、醋、鸡精，搅拌成调味汁。

5.菠菜段放入碗中，食用前轻轻拨散，加调味汁拌匀即可。

绿豆百合粥

原料：粳米50克，绿豆50克，干百合50克，燕麦片10克。

做法：

1.粳米用水淘洗1次，绿豆、干百合洗3遍，和燕麦片一起放高压锅内，加水1500毫升，用大火煮至上汽，加盖，马上转小火焖15分钟。

2.停火后不开盖，自然放冷后食用。

营养小贴士

● 绿豆具有清火解暑的作用，是夏季必不可少的食品，对夏季食欲不振、烦躁疲倦具有较好的补养作用。

● 绿豆和燕麦片均含丰富的蛋白质、B族维生素和矿物质，并可以弥补大米中赖氨酸的不足。

秋季防病饮食调理

秋季天气慢慢转凉，孩子们容易发生感冒、咳嗽等小毛病。健康的饮食可以改善这种情况，让孩子的抵抗力变得更强。

①多吃应季水果

秋季是丰收的季节，水果众多，很多应季水果营养丰富，对提升孩子的抵抗力很有帮助。例如梨和柿子能预防咳嗽和咽炎，橙子和橘子有利于预防感冒。多给孩子吃应季水果，减少营养价值低的零食和冷饮的摄入，有利于秋季防病。

②饮食避免冷凉

随着气温的降低，孩子的肠胃也不再适应冷食，更容易发生受冷腹泻的问题。一些不应季的水果，比如西瓜、甜瓜等，应适当减少摄入量。水果更不要放入冰箱里冰镇后吃，也不用像夏季那样放入冷水里泡。其他食物也不宜过凉，以免引发胃肠道不适。

③吃水产海鲜应适量

水产品营养丰富，且秋天蟹肥虾美，经常吃点水产品对身体有一定好处。但是由于夏秋季节往往发生赤潮和其他污染，有可能导致水产品的毒素含量变高，因此食用数量应当控制。此外，由于孩子的脾胃较弱，如果吃了虾蟹之类的食物，不宜立即吃水果，否则容易发生腹泻、胃痛等反应。

④多吃滋润呼吸道黏膜的食物

秋季气候干燥，孩子容易发生嗓子不适和咳嗽之类的疾病，可以给孩子吃些有利于滋润呼吸道黏膜的食物。这些食物包括胡萝卜、小杏仁、荸荠、蜂蜜、雪梨、柿饼等。富含维生素A或胡萝卜素的食品，如各种深绿色的蔬菜、南瓜、红心红薯、牛奶、酸奶等，也能提高呼吸道黏膜的抵抗力，有利于保护孩子的呼吸道，减少肺炎、气管炎、咽炎、百日咳、麻疹等小儿疾病的发生。

过于干燥、过于辛辣的食物，秋天都应当少吃，因为它们对呼吸道黏膜的健康不利，如炒得很干的花生、瓜子、豆子以及薯片、各种膨化食品、油炸食品、鱼片干、辣味零食等。

⑤适当增加高蛋白的食物

经过一个夏天，孩子低落的食欲逐渐恢复，消化吸收能力逐渐增强，身体需要补充夏季损失的营养，同时为抵抗冬季的寒冷做好准备。民间有“贴秋膘”的习俗，在秋季来临之后吃点肉，就是这个原因。可以给孩子适当吃点牛肉、鸡肉、鸭肉、鱼虾等，但应采用蒸、煮、炖等烹调方法，不宜太过油腻和干燥。

营养师推荐食谱

秋季清润健康食谱

润喉汤

原料：小杏仁1把，雪梨1个，荸荠5只，柿饼1个，胡萝卜1根，蜂蜜1勺，冰糖1勺。

做法：

1.雪梨去核，带皮切成块；荸荠去皮，切成四块；胡萝卜和柿饼洗净切丁。

2.砂锅中加适量水，煮沸后加入上述原料，再加入杏仁和冰糖，煮沸后转小火煮30分钟。

3.关火，待不烫时加入蜂蜜调味即可食用。

营养小贴士

本品可当成甜食在下午或晚上吃，特别适合秋冬季节嘴唇干燥、容易咳嗽的孩子。

藕块煲排骨

原料：鲜莲藕2节，排骨500克，木耳8朵，花生1把，姜1块，盐适量。

做法：

1.莲藕洗净去皮，切块；排骨洗净，切同样大小的块；木耳水发洗净，撕成小朵；姜切厚片。

2.把排骨放入砂锅中，加适量水，煮沸，去浮沫。

3.放入姜片、莲藕、花生和木耳，煮开后小火煲1.5小时。

4.加少许盐调味即可食用。

冬季饮食调理

每到冬天来临，孩子往往很容易生病。所以，冬天饮食调理的首要任务就是提高孩子的抵抗力，预防各种感染性疾病。此外，冬天天气寒冷，身体需要足够的能量御寒，冬天的饮食油脂含量较高，孩子容易出现体重过度增加的问题。而且冬天节假日较多，家里家外美食泛滥，孩子很难控制食欲。加之因为天气寒冷，孩子整天待在屋里，运动严重不足，多余的热量很容易转变成脂肪，导致肥胖。很多家长可能不知道，人体脂肪细胞的数目在幼年期就确定了，长大后数目改变不大，如果小时候过胖，长大后也容易发胖，肥胖是很多慢性疾病的诱因。至于将来在发育期遇到因体形不美而产生的心理问题，更是家长们暂时还难以体会的大麻烦。所以，冬季饮食的第二个关注点就是控制体重，避免热量过剩。

既要让孩子强健，又要让孩子远离肥胖，该如何进行饮食调理呢？

①冬季饮食关注点一：多供应薯类和粗粮主食

冬季需要大量维生素和矿物质来满足孩子生长发育的需求，同时用以提高抵抗力，预防疾病。要想做到这两点，就要吃一些健脾胃的食物，同时补充大量的维生素和矿物质。一到冬天，很多家长往往会为孩子准备丰富的菜肴，却忘记了主食才是人体摄入量最多的食物，主食的营养质量甚至比菜肴更加重要。把精白米和精白面换成薯类和粗粮，就能够大幅度地增加维生素和矿物质的摄入量，同时因为粗粮富含膳食纤维，也不易引起肥胖。其代表食物有甘薯、山药、全麦食物等。

营养师推荐食谱

南瓜甘薯粥

准备好南瓜和甘薯，去皮切块，放锅中加水煮成粥即可。

炼乳蘸山药

山药蒸熟后去皮，蘸炼乳食，是美味而健康的甜食，可以替代部分主食。

香烤全麦馒头片

全麦馒头虽然吃起来口感较粗糙，但是非常容易消化吸收。如果能够加一点点橄榄油，略烤几分钟，就能散发出迷人的香气，特别适合给孩子当早餐。

②冬季饮食关注点二：大力减少加工甜食的摄入

各种加工甜食和甜饮料所含营养素少，热量却很高，吃得过多容易让孩子变得虚胖，同时也会降低身体的抵抗力。即使是市面上那些号称低糖的产品，对孩子的健康也没有什么益处，因为大部分甜味剂没有多少营养价值，而替代糖的可能是淀粉或糊精，它们也没有什么营养价值。所以，真正关注孩子健康的父母都会让孩子远离这些食品。

替换食物：

将各种甜味饮料、糕点、饼干等替换成各种新鲜水果、自制水果羹、酸奶等，也可替换成葡萄干、无花果干、杏干等水果干。

营养师推荐食谱

猕猴桃酸奶奶昔

猕猴桃加等量牛奶，用打浆机打碎，再加适量酸奶混匀即可。

蜂蜜蒸水果

苹果和梨切成小块，放入碗中，加2勺蜂蜜和一把葡萄干，蒸20分钟即可。

牛奶藕香羹

藕粉加少量温水搅散，再加沸水冲成糊，加入等量牛奶搅拌成冻状，用适量糖桂花调味即可。

③冬季饮食关注点三：绿叶蔬菜一定要吃够

冬天的绿叶蔬菜较少，水果也比较少，而且大部分不是应季蔬果，营养价值比夏秋季节低，需要吃更多的数量才能满足身体所需。绿叶蔬菜摄入不足可能也是孩子冬季容易发生上火、便秘、抵抗力下降的重要原因。

代表食物：

芥蓝、茴香、菠菜、小油菜、小白菜、绿菜花、香芹、豌豆苗等。

营养师推荐食谱

翡翠豆腐羹

小白菜叶切碎，豆腐切碎。将高汤和豆腐碎煮开，加入小白菜叶碎，再按喜好调味即可。

茴香炒蛋

茴香切碎，鸡蛋打碎加盐等调味。锅中注油，把茴香炒至断生，然后倒入鸡蛋液炒匀即可。

绿菜花炒百合

绿菜花焯水切成片。百合拆成片，放油炒熟，再加入绿菜花片和少量西式火腿片，加少许盐调味即可。

④冬季饮食关注点四：各种肉类要选脂肪含量低的

肉类能提供孩子身体生长所必需的蛋白质和多种微量元素，但它们往往也是脂肪的重要来源。因此，家长在挑选肉类时，要选择脂肪含量低的。例如，猪肉脂肪较高，可以少选；而瘦牛肉、鸡肉和鱼肉的脂肪含量较低，可以多选。另一方面，要选择低脂肪的烹调方式，少用油炸和烹炒，多用蒸、煮、煲等方式。

代表食物：

牛肉、鸡肉、虾贝类、各种淡水鱼、三文鱼等海鱼。

营养师推荐食谱

牛腩山药煲

山药去皮切块。将牛腩和姜片放入加水的汤锅中煲30分钟，再加入山药继续煲1小时，最后加盐调味即可。

干贝蘑菇炒蛋

干贝泡软切碎，白蘑菇切碎，鸡蛋打散。锅中加油烧热，放少许葱花，加入蘑菇和干贝炒熟，最后倒入鸡蛋液炒匀，加盐调味即可。

孩子提升学习力需要的营养

大脑对某些营养素，如蛋白质、磷脂、糖类、维生素A、维生素C、B族维生素以及铁的需求比较多。蛋白质是维持人体健康和从事复杂智力活动所需要的基本营养素，是构成神经细胞的物质基础；磷脂在大脑的信息传导中起重要

作用；糖类是脑细胞的唯一能量来源；维生素和铁则在各种营养素的代谢、视力的维护及氧气的运输中发挥重要作用。当这些营养素供应不足时，神经细胞就会“营养不良”，使大脑细胞的活动受到影响，表现为思维迟钝、学习能力下降、记忆力下降等。

过多酸性膳食容易使人产生疲劳，导致大脑迟钝。而碱性食物可中和过多的酸，使人精力充沛，使大脑清醒活跃。常见的碱性食物包括蔬菜、水果、大豆类、食用菌、海带、茶、牛奶等；常见的酸性食物有猪肉、牛肉、鸡肉、蛋类、鲤鱼等。

在具体的食物选择上，应选用富含优质蛋白、磷脂、矿物质及维生素的食物，如适量的粗粮、肉、蛋、奶、豆制品、鱼子酱、鱼头、动物肝及脑、绿叶菜、各类水果等。此外，核桃、黑芝麻、杏仁、小米、大枣等也是健脑佳品。

膳食中铁的吸收率较低，成长中的青少年，特别是女孩子，比较容易出现铁缺乏。铁缺乏会导致缺铁性贫血，使氧的运输减少，从而导致体力、智力及学习能力下降。因此，膳食中要注意合理补充铁。富含铁的食物有瘦肉、肝、黄豆、红枣、黑木耳等。

平时还要注意多喝水。水具有调节体内新陈代谢的作用，可以促进营养物质的吸收及帮助代谢毒物排出体外。温开水是最佳饮用水，也可以选择一些热量低的饮料，如绿豆汤、酸梅汁、橘子汁以及用莲子、桂圆、百合等煎成的汤。绿豆汤可清热解毒，果汁等酸性饮料可健脾和胃，莲子、桂圆、百合汤有益智宁心的作用。

营养师推荐食谱

健脑益智食疗方

核桃芝麻莲子粥

原料：核桃仁30克，黑芝麻30克，莲子15克，大米100克。

做法：

将以上原料淘洗干净后加适量水，煮成粥即可。

小枣大麦粥

原料：小麦100克，大枣10枚。

做法：

将小麦和大枣洗净后加适量水，煮成粥即可。

鹌鹑蛋炖核桃杞子

原料：鹌鹑蛋5颗，核桃仁15克，枸杞子10克。

做法：

将鹌鹑蛋用文火煮熟，去壳，再与核桃、枸杞子一起加水炖熟即可。

黑芝麻粳米粥

原料：黑芝麻30克，粳米100克。

做法：

黑芝麻炒熟后碾碎，与粳米一起加水煮成粥即可。

百合冰糖粥

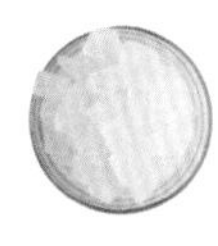

原料：百合30克，冰糖30克，大米、糯米各50克。

做法：

将百合、大米、糯米洗净后加水煮成粥，出锅前调入冰糖，搅拌至冰糖溶化即可。

孩子视力好需要的营养

经常看到很多孩子上幼儿园就戴上了小眼镜，还有更多孩子的视力处于边缘状态。据调查，我国学生的近视发病率在全世界的排名已从1998年的第4位上升为第2位，仅次于日本，而且近视发生的年龄越来越小。保护孩子的视力，是家长所面临的重要责任。

引起儿童近视的因素有很多，如看书时眼睛与书本的距离、光线强度等。对于用眼卫生想必大家也都有所了解，但是饮食与视力的关系就可能被忽视了。其实，近视与饮食有着非常密切的关系，因为造成近视的直接原因是视觉疲劳，这显然与孩子学习紧张、学业负担过重有关。但每个个体对视觉疲劳的承受能力不同，有遗传因素，也有用眼问题，而饮食也是其中一个重要方面。有关资料显示，多数近视患者血钙偏低，缺乏维生素A，血清蛋白和血色素也偏低。此外，近视还与体内钙、锌、铬等矿质元素的缺乏有关。

蛋白质

蛋白质是组成肌肉的基本物质，眼睛的睫状肌也是如此。体内缺乏蛋白质时，眼肌极易疲劳。儿童要摄入足够的蛋白质，尤其是动物性蛋白，如瘦肉（包括畜肉、禽肉、鱼、虾等）、蛋类、奶类、豆类、动物内脏等。

维生素 A

相信大多数家长都知道维生素A对眼睛有益，尤其是对于经常看电视和用电脑的孩子来说，更应该吃些富含维生素A的食物。富含维生素A的食物有动物肝脏、蛋黄、牛奶、胡萝卜、苋菜、菠菜、韭菜、青椒、橘子、杏、柿子、枇杷等。

维生素 C

维生素C是组成眼球晶状体的成分之一，如果体内缺乏维生素C，就容易使晶体浑浊，从而患上白内障。富含维生素C的食物主要是各种新鲜的蔬菜和水果，尤其以青椒、黄瓜、菜花、小白菜、鲜枣、生梨、橘子等含量最高。

维生素 B_1

维生素B_1是视觉神经的营养来源之一，如果体内缺乏维生素B_1，眼睛很容易疲劳。富含维生素B_1的食物有瘦肉、动物肝肾、新鲜蔬菜、糙米、豆类等。

维生素 B_2

维生素B_2就是我们常说的核黄素，它能保证角膜、视网膜的正常代谢，一旦体内缺乏维生素B_2，容易引起角膜炎，会出现畏光、流泪、视力减弱、眼睑痉挛等症状。富含维生素B_2的食物有蛋类、瘦肉、牛奶、干酪、酵母、扁豆等。

维生素 E

维生素E具有抗老化作用，可抑制晶状体的脂质过氧化反应，对治疗某些眼病有一定辅助作用。各种植物油是维生素E的主要来源。

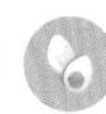

硒

硒是一种具有抗氧化作用的微量元素，硒缺乏也是引起视力减退的重要原因。动物的肾、肝和眼睛含有极丰富的硒。

钙

据调查统计，近视患者普遍缺钙。含钙丰富的食物有牛奶及奶制品、豆类及豆制品、虾皮、芝麻酱、海带、油菜、菠菜等。

除了要给孩子补充以上有益眼睛的食物外，还要尽量少吃甜食。因为过量摄入甜食可使眼内某些组织的弹性降低，眼轴容易变长。糖类属于酸性食物，大量食用会消耗体内的碱性物质及维生素B_1，也可以造成视力发育不良或导致视力下降。过量摄入糖还会使体内的钙、铬等减少，这都不利于保护视力。

关注孩子体重变化，不做小胖墩

家长们大多喜欢“白白胖胖”的小孩子，觉得小胖墩很可爱，比“小瘦猴”要健康，因此很多家长会让孩子多吃、多睡，美其名曰“长身体”。事实上，儿童肥胖症已经被越来越多的人提出并重视，小儿肥胖已经成为儿童健康的重点话题。近30年来，全球儿童的超重率、肥胖率均呈现增长趋势，儿童肥胖和成人肥胖一样已成为一个日趋严重的公共卫生问题。2017年由联合国儿童基金会和北京大学公共卫生学院联合发布的《中国儿童肥胖报告》指出，1985—2005年，我国主要大城市0～7岁儿童肥胖检出率由0.9%上升至3.2%，7岁以上学龄儿童超重率和肥胖率分别由2.1%和0.5%增长至12.2%和7.3%。根据国家卫生健康委员会发布的《中国居民营养与慢性病状况报告（2020年）》，我国6～17岁儿童青少年超重率和肥胖率分别为11.1%和7.9%，两项加起来是19%。也就是说，几乎每5个中小学生中就有一个小胖墩儿。

《中国儿童肥胖报告》指出，儿童期肥胖不仅会对其当前的身体发育造成严重影响，而且还将增加成年后肥胖相关慢性病的发病风险。超重、肥胖儿童

发生高血压的风险分别是正常体重儿童的3.3倍和3.9倍；肥胖儿童成年后发生糖尿病的风险是正常体重儿童的2.7倍。儿童代谢综合征患病率也随体重的增加逐渐升高，儿童期至成年期持续肥胖的人群发生代谢综合征的风险是体重持续正常人群的9.5倍。

儿童肥胖的发生发展是遗传、环境和饮食行为等因素共同作用的结果。

大家普遍认为，膳食营养和身体活动等生活方式是导致肥胖的关键因素，其实遗传因素是肥胖发生的内在基础。多种基因与肥胖的发生有关，父母的体重情况可以通过遗传因素影响子女超重及肥胖的发生，父母双方、仅父亲、仅母亲超重或肥胖，其孩子发生超重或肥胖的危险分别是父母双方均为正常体重的4.0倍、3.1倍和2.7倍。出生前母亲的体型及营养代谢状况也会影响儿童期甚至成年期肥胖相关慢性疾病的发生风险。

环境和饮食行为等因素主要包括膳食结构的改变、脂肪供能比增高、高糖食品供应的增加等，可能使儿童摄入过多能量而使肥胖发生的危险增高；身体活动的减少，久坐时间的增加，可能使儿童能量消耗减少，而使肥胖发生的危险增高；不健康饮食行为（例如早餐食用频率低、早餐营养质量差），含糖饮料饮用率和饮用量上升，在外就餐频率增加等，均有可能增加肥胖的发生风险。

肥胖本身就是一种疾病，而且是多种非传染性慢性疾病的危险因素。儿童肥胖不仅仅会带来身体形态的改变，更重要的是会对心血管系统、内分泌系统、呼吸系统和肝脏、运动骨骼、心理行为及认知智力等方面带来危害。儿童时期是生命周期中关系身心健康发展的关键时期，这个时期的营养与健康状况关系到儿童当前及成年后的健康和生活状况。近年来，随着膳食模式和生活方

式的快速变迁，我国儿童肥胖的问题日趋严重，严重威胁着人群的健康，带来了巨大的社会经济负担，所以采取有效的措施来防控儿童肥胖势在必行。

儿童肥胖怎样防控？

总的原则是减少热能性食物的摄入和增加机体对热能的消耗，使体内脂肪不断减少，体重逐步下降。具体可以从以下三个方面入手：

饮食

饮食调理主要是采用低脂肪、低糖和高蛋白食谱。饮食以瘦肉、鱼、禽、蛋、豆类及其制品、蔬菜、水果为主，限制脂肪的摄入量。每餐进食的量应合理。儿童要做到饮食多样化、荤素搭配、营养均衡，避免食物种类过于单一导致的营养失衡。

适当的运动能促使脂肪分解，使蛋白质合成增加，促进肌肉发育。肥胖儿童常因动作笨拙和活动后易累而不愿锻炼，可鼓励和选择儿童喜欢和易于坚持的运动，如跑步、做操、游泳、跳绳等。每天坚持2~3小时的户外活动，其中中高强度运动30~60分钟，活动量以运动后轻松愉快、不感到疲劳为原则。运动要循序渐进，不能操之过急。

护理

加强心理建设，树立对控制体重的信心。在此需要提醒各位家长，体重不宜骤减，应在保证营养的同时调整饮食结构，配合适量运动，帮助孩子慢慢减重。此外，保持良好的睡眠有利于保持儿童机体代谢的平衡、协调，从而有助于减肥的良好效果形成。

零食不是洪水猛兽，选对了也可以提升抗病力

零食是指正餐之外的食物，主要包括各类膨化类食品、焙烤类食品、坚果、糖果、糕点、水果、饮料等。由于零食香甜可口、颜色诱人，对于儿童来讲，零食的吸引力往往大于一日三餐的吸引力。但家长对零食持有不同的态度：有人把吃零食归于不良习惯，一点儿也不给孩子吃；有的家长却一味迁就孩子的口味，孩子要吃什么就给什么。这些都不是正确的态度，都不利于孩子的健康成长。

其实，科学地给孩子吃零食是有益的。人体内的消化器官，尤其是胃肠的工作是有规律的，一日三餐定时定量对胃肠道是有益的。如果不间断、无限制、无定量地食用各种零食，胃就要不停地工作，胃液总是处于分泌状态，从而增加了胃的负担，到了吃正餐的时候，胃液分泌不足，食物不能充分被消化，从而导致孩子食欲下降、营养不良。从另外一个角度来看，零食能更好地满足身体对多种维生素和矿物质的需要。调查发现，在三餐之间吃点零食的儿童，比只吃三餐的同龄儿童更易获得均衡的营养。孩子从零食中获得的热量达到总热量的20%；获得的维生素占总摄食量的15%；获得的矿物质占总摄食量的20%。这表明，零食已成为孩子获得生长发育所需养分的重要途径之一。

但零食毕竟只是孩子获得营养的一条次要渠道，不能取代主食。正确合理地吃零食的方法是在次数和数量上加以限制，在品种上进行选择，这样就可以把零食变成加餐。具体可以参照以下方法：

- 零食可以选在两餐之间吃，如上午 10 点前后、下午 3 ~ 4 点及晚饭后。千万不要在正餐前吃，以免影响孩子吃饭。
- 每次不要让孩子吃得太多，一定要掌握好摄食量。如 2 ~ 3 小块巧克力，1 小块蛋糕，2 ~ 3 块饼干，1 杯酸奶，1 个水果，

几块肉干，一把坚果（如花生、核桃、瓜子等）。挑选零食时，建议选择含正餐所缺乏的营养素的食物，以补充正餐营养的不足。

- 家长为孩子选择零食时一定要考虑到食品的安全性及卫生状况，要通过正规渠道购买。

营养小贴士

走进超市，除了绚丽的包装，很多新鲜的食品名称也很吸引眼球。殊不知，这些让人好感顿生的食品名称和标签，往往会导致你的误读，使你的消费行为和原来的购物愿望大相径庭。聪明的家长，你们会上标签的当吗?

提醒大家买包装食品时，要看穿食品标签的几大要点：

1.注意查看产品名称后面有没有“饮料”“饮品”等小号字样。如果有，说明不是纯品。

2.一定要看看包装上的原料成分。排在第一位的通常是用量最多的原料，如果是“水”，那么天然原料所占的比例就不可能很高了。再看看第二位或第三位原料是不是“糖”和“油”，如果是，那么产品所含的热量一定不低。

3.不要被“天然”“营养”“健康”等字样所迷惑。食品原料大多来自天然农产品，必然多多少少都含有营养素，这和产品的营养是否平衡、对人体健康是否有益并没有直接关系。

第3章

三餐搭配好，增强抗病力

聊聊儿童餐的搭配

儿童青少年的健康关系着自己的生长发育情况和身体素质，关系着整个家庭的美满和幸福，关系着祖国强盛的根本和希望。因此，儿童青少年的饮食一直是家庭生活中的“重要关注”。新发布的《中国学龄儿童膳食指南（2022）》是在《中国居民膳食指南（2022）》的基础上，根据我国学龄儿童的营养与健康状况，依据合理膳食、饮食行为与健康状况关系对原内容进行了扩充，使其更加全面、完善。

	2~3岁	4~5岁
盐	＜2克	＜3克
油	10~20毫升	20~25毫升
奶类	350~500克	350~500克
大豆适当加工	5~15克	15~20克
坚果适当加工	—	适量
蛋类	50克	50克
畜禽肉鱼类	50~75克	50~75克
蔬菜类	100~200克	150~300克
水果类	100~200克	150~250克
谷类	75~125克	100~150克
薯类	适量	适量
水	600~700毫升	700~800毫升

数据来源：《中国学龄前儿童平衡膳食宝塔》，中国营养学会妇幼营养分会，2022。

儿童青少年的生长发育非常迅速，充足的营养是其智力和体格正常发育，乃至一生健康的物质基础。同时，这一时期也是一个人饮食行为和生活方式形成的关键时期，从小养成健康的饮食行为和生活方式将使他们受益终生。

在儿童膳食指南的基础上，我们来聊聊儿童三餐的搭配。

早餐要吃得健康

早餐是一天中最重要的一餐，因为前一天晚上的食物经过消化已经进入大肠，胃里空空如也，血糖浓度下降，能量严重不足，急需补充食物。而上午学习比较紧张，如果没有足够的能量，孩子很难专心学习。然而，大多数家庭对待早餐并不认真，有的吃糕点饼干，有的只吃鸡蛋加牛奶，有的出门后边走边吃油条、炸糕之类。营养学家早就形象地指出：“早餐如进补。”早餐如果吃好，不仅可以让整个上午精力充沛，而且可以降低血液浓度，促进废物排泄，减少患结石症的危险，甚至具有延缓衰老的作用。所以，想办法把早餐吃好，是一日三餐中的一件大事情。

健康早餐的原则简单来说需要满足4个条件：一是供应足够的水分；二是供应足够的淀粉；三是供应足够多的蛋白质；四是供应一些蔬菜或水果。

早餐宜准备一些富含水分的食物，如粥类、汤面和牛奶，配以固体食品。早晨人体的消化能力不强，喝些粥汤可帮助消化，也为身体补充水分。我国营养学家主张，儿童“早一杯、晚一杯”地喝牛奶（或酸奶）最为理想。牛奶既含水分，又富含蛋白质和钙，可以使上午精力充沛。如果不能喝牛奶，用酸奶、豆浆、豆奶等代替也可以。

早餐的食物中一定要包括容易消化的淀粉类食品，还需要准备一些富含脂肪和蛋白质的食品。淀粉类食品可以是面包、面条、馒头、煎饼、麦片等，富含蛋白质和脂肪的食品可以是牛奶、奶酪、鸡蛋、熟肉、豆制品、花生酱等。这些食品营养丰富，而且会在胃里停留较长时间，比较耐饥。如果可能，还应当吃一点蔬菜和水果，因为蔬果中富含的维生素C和有机酸会让人感到精神振作。

近年来，早餐谷物食品风靡都市，纯燕麦片营养丰富，配以鸡蛋、牛奶是很好的早餐。然而需要注意的是，某些所谓“营养麦片”中的主要成分为白糖或糊精，蛋白质含量较低，家长们要仔细看看成分说明表，像蛋白质含量低的营养麦片不建议给孩子作为早餐主食。

儿童营养早餐举例

汉堡包1个，香蕉沙拉1盘，牛奶1杯

原料：

汉堡坯1个，色拉酱适量，薄火腿1片，奶酪1片，鸡蛋半个，生菜1片，黄瓜半根，西红柿半个，香蕉1根，牛奶1杯。

准备工作：

生菜洗净；黄瓜斜切3片，剩下的切成1厘米的丁；香蕉去皮切成1厘米的丁；西红柿切成1厘米的丁。

汉堡包制作方法：

1. 将汉堡坯沿切口切成两半，在切面上涂抹一层色拉酱。

2. 在一半面包的涂层上依次放上1片火腿、1片生菜叶和1片奶酪，再将黄瓜片平放在奶酪上。

3. 把两半面包合在一起即成汉堡包。

香蕉沙拉制作方法：

1. 鸡蛋用小火煮8分钟，取出后冲凉，切成丁。

2. 将黄瓜丁、西红柿丁、香蕉丁和鸡蛋丁一起放在碗中，加入色拉酱拌匀即可。

午餐晚餐六原则

相比于早餐而言，孩子的午餐和晚餐要简单一些，只要遵循以下膳食原则就可以了。

原则一：吃足够多的主食

由于现代人收入越来越高，食物非常丰富，很多父母有意无意地培养孩子“少吃饭、多吃菜”的习惯。其实这种做法是不对的。主食是指粮食、薯类、豆类等，绝不能把鱼肉蛋当成主食，自古以来便是如此。生活富裕之后改变了这一点，结果带来的是肥胖和慢性病的高发。所以，为了帮助孩子养成健康的饮食习惯，家长应当每餐都给孩子吃富含淀粉的食物，而且总量一定要和菜肴相当或更多。

午餐当中，孩子可以吃些容易消化的米饭、馒头、小花卷、小包子、面条、通心粉、小窝头等，晚上可以适当吃点粗粮杂粮，如蒸红薯、蒸山药、八宝粥、紫米粥、绿豆粥、小米粥等，和精白米、精白面的食品替换食用。

原则二：多吃新鲜蔬菜，适当用薯类替代粮食

水果一般可以作为两餐之间的加餐和零食，而蔬菜只能在正餐时食用。一般来说，早餐的蔬菜量会很少，甚至没有，蔬菜主要出现在午餐和晚餐。所以，在午餐和晚餐的餐桌上，家长要多准备新鲜蔬菜，变着花样让孩子多吃菜，

养成良好的饮食习惯。午餐可以考虑吃一些容易烹调的蔬菜，晚餐可以吃品种更多、烹调比较费时间的蔬菜。也可以考虑把一部分主食换成薯类，因为薯类的营养价值介于粮食和蔬菜之间，用马铃薯、甘薯、山药、芋头等替代部分粮食，等于多吃了蔬菜。

原则三：吃适量的鱼、禽、蛋和瘦肉

鱼肉富含蛋白质和矿物质，对孩子的生长发育是很有帮助的。特别是海鱼类，含有丰富的ω-3脂肪酸，对神经系统的发育有益。动物肝脏含有大量的维生素A、维生素D和铁、锌等多种矿物质，可以偶尔补充一些。我提倡孩子每天吃50克肉、1个鸡蛋，每周吃1～2次海鱼，每个月吃两三次动物肝脏，比如鸡肝、猪肝。考虑到肝脏是解毒器官，其污染物质含量可能偏高，孩子的解毒能力相对较差，所以并不建议经常给孩子吃肝脏。如果吃的频率较高，建议购买经绿色食品或有机食品认证的品牌。

原则四：吃豆制品替代部分鱼肉类

很多家长认为豆制品是一种素食，往往用它来替代蔬菜。这可就想错了，豆制品其实是用来替代鱼、肉的食品，它所含的蛋白质并不逊色于肉类，而含钙量却比肉类高几十倍。所以，用豆制品来替代部分鱼肉类，对孩子的健康是很有帮助的。其实，肉类并不是需要每天吃的食物，家长可以考虑每周有两天不吃肉，只给孩子吃豆制品、牛奶和鸡蛋，加上蔬菜和主食。这样，孩子所补充的钙会更多，摄入的脂肪却较少，有助于预防小儿肥胖。

原则五：少放油盐，不放味精

孩子的脏腑尚未发育完全，肾脏还不能处理太多的盐分，而儿童期也是味觉喜好的形成阶段，如果这时候给孩子食用过多的盐和味精，就会让他们形成过重的口味，一生都会喜欢吃浓味食品，增加成年后发生高血压、心脏病和胃癌的危险。特别是对于女孩子来说，食物中添加过多的盐和味精，可能会加剧她们未来经前期综合征的症状，更影响她们长成水灵的皮肤和苗条的身材。

烹调中的油更需要控制，因为我国城市儿童的肥胖率已经达到令人担心的程度，很多大城市超过10%。究其原因，很大程度上是因为零食吃得多、烹调油摄入过多等，加之现在孩子的运动量比父母小时候要小很多，热量消耗少，特别容易长胖。

孩子的饭菜不能和大人一样。主食中坚决不能放盐，菜肴中的盐也要比成年人少一半；油炸食品尽量不要让孩子吃，建议多采用蒸、煮、炖和凉拌的方式。

原则六：不要让孩子吃得太多、长得太胖

很多父母觉得孩子越壮越好，总想着给孩子补充尽可能多的营养。这种想法是非常错误的。所谓“过犹不及”，对于任何生物来说，幼年时期摄入过多能量，都会影响长成之后的抵抗力和寿命。例如种庄稼，苗期不能施太多的肥、浇太多的水，否则到了后期容易生病，而且容易倒伏，抵抗力特别差。人类也是一样。孩子需要的是充分的维生素和矿物质，而不是大量的油、糖和过多的蛋白质。

关于孩子是否发育正常，只要在生长曲线的正常范围里即可，无需和其

他孩子攀比。哪怕孩子看起来偏瘦一点，只要他精神饱满、体能充沛、脸色润泽、不爱生病、聪明敏捷，就是健康的孩子。相反，那些体内脂肪过多、动作迟缓的孩子，往往并不健康，很多孩子甚至肥胖、贫血、缺钙同时存在。

实际上，孩子天生知道如何控制食量，家长不用担心他们会饿着。如果让他们自己吃，一餐两餐可能吃得少一些，但是饿了之后他们自然会调整食量，吃到合适的程度。相反，如果永远由大人规定食量，每餐都吃得超过身体需要，正是未来肥胖的根源所在。美国的多项研究证明了这一点。所以就算孩子胃口差一点，家长也不需要拼命给孩子喂食物。如果孩子有消化吸收不良的问题，可以看看中医，吃一点调养脾胃的药，同时让他们适当增加户外活动，可以起到增强食欲的作用。

如果孩子身体瘦弱，或者休息较晚，可以考虑晚上加一点夜宵，如酸奶、牛奶、鸡蛋汤面、八宝粥、藕粉、芝麻糊等。如果有营养素缺乏的状况，只要在改善饮食习惯的基础上，根据营养师或医生的建议适当补充营养素就可以了，千万不要给孩子乱吃补品和营养品。

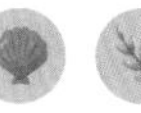

儿童营养午餐举例

主食

米饭 1 小碗。

菜肴

嫩豌豆虾仁炒蛋小半盘，焯拌红苋菜小半盘（菜焯软后切成小段，放少许豉汁、蚝油凉拌）。

汤

菠菜豆腐羹 1 小碗。

下午点心

自制草莓奶昔 1 杯（草莓半杯，牛奶半杯，碎冰 2 勺，糖 1 勺，草莓酸奶 1 小杯，放入榨汁机中打匀，分成小杯即可）。

儿童营养晚餐举例

主食

蒸山药 1 段（切成小块），小米粥 1 碗。

菜肴

鸡心碎炒青椒碎小半盘，芝麻酱拌蒸豆角小半盘（豆角去蒂蒸软，放芝麻酱汁凉拌）。

夜宵

芝麻糊 1 小碗。

第4章 运动打造优良身形体态，完善抗病力

孩子多运动，身体好

科技的发展带来了生活的便利，同时人们的生活习惯也发生了很大的变化。比如大家出行，从步行到自行车，到电动车，到开车……运动不足是现代人的通病，多坐少动的生活方式易导致冠心病、高血压、糖尿病、肥胖等健康问题。长期久坐不动会导致体能下降、肌肉比例变少、脂肪比例增加，各种生理功能会出现不同程度的衰退，也会影响人体的免疫力。

人体的免疫机制包括体液免疫和细胞免疫，其功能和作用不同。体液免疫像后勤保障部队，提供后勤支持；细胞免疫像前线战斗人员，直面敌人。如果它们都能持续保持在最佳状态，那我们就能够应对细菌和病毒的侵袭。而适当的运动可以帮助它们保持最佳状态，这就是运动改善免疫力的原因。

很多人认为既然“运动能强身健体、增强免疫力”，是不是运动员的免疫力应该比普通人要好很多？但是调查结果却显示，职业运动员的免疫力不但没有预想的好，反而比普通人还更容易感冒、发热。研究发现，导致职业运动员免疫力下降的原因是剧烈的、高强度的运动。对于身体而言，这些剧烈的、高强度的运动与重大外来压力一样，身体承受不了，进而会导致免疫细胞功能减弱。世界卫生组织将“适量运动”纳入健康四大基石之一，说明运动需要科学与适量。所以，合理的运动才能提高免疫力，不是运动量越大越好。

运动能给孩子带来哪些好处？

运动能促进大脑发育

研究发现，运动能够增强孩子大脑功能并完善其结构，提高孩子的认知能力及注意力等，促进大脑发育，使孩子变得更加聪明。

运动能促进体格发育

规律的运动对人体的内分泌系统能起到良好的调节作用，使生长激素的分泌更加旺盛，进而促进孩子的体格发育。合理的运动还能够促进血液循环，将充足的营养输送到骨骼，为骨骼的生长提供充足的原料；同时还能刺激骨骼中软骨细胞的分化，加快骨骼的生长。

运动能提升身体素质

运动能够促进骨量的积累，增强骨密度，进而提升骨骼的承压能力；同时可使肌肉更加粗壮，肌肉的收缩力量和耐力明显增强，促进孩子力量和耐力素质的提升。

运动能加强关节周围的肌肉力量，有利于柔韧度的提升。运动还能提高大脑的信息处理能力，使反应速度加快，有利于提升灵敏度和身体协调性。

运动有利于解决身体肥胖或消瘦问题

通过参加有氧运动，可以有效消耗体内多余的能量，减少脂肪堆积，将体脂率控制在适宜范围内。而进行适度的力量训练，可促进肌肉生长，使身材更加匀称。

运动有助于缓解学习压力

青少年时期的孩子学业繁重，而运动是调节学习状态和精神状态的有效手段。适度的运动健身可以促使大脑分泌内啡肽、血清素和多巴胺等激素，使大脑产生积极、愉悦的情绪，调节孩子在紧张学习中的精神状态，在缓解学习压力的同时提高学习效率。

运动有利于塑造良好性格

更高、更快、更强的体育精神有助于培养孩子的良好品质，例如乐观、坚强、韧性等。

运动可以提升社交能力

孩子在参与运动的过程中，不仅是身体的训练，也是在进行社交。运动能提升社交能力、结交志同道合的朋友，对孩子的成长有很大好处。

运动可以缓解近视

大多数运动是在室外进行的，越来越多的研究证据表明，增加户外活动时间能防止近视的发生，或延缓近视加深。

积极的身体活动和运动是把金钥匙，能打开儿童健康发育的大门。希望家长们多带孩子进行户外活动，这对孩子身心健康和生长发育十分有益。

不同运动项目所产生的影响不同

不同类型的运动对孩子的身体会产生不同的影响。那么，不同的运动项目具体会产生哪些影响呢？孩子选择哪些运动项目会更有利于生长发育呢？

想要提升孩子的记忆力，选择“动到脚”的有氧运动

有氧运动有助于人的海马回细胞增生，而海马回正是大脑的记忆中枢。持续性的中强度耐力有氧运动，例如慢跑，比起其他肌力训练或高强度间歇式运动，更能明显增加海马回细胞增生，增进大脑的记忆功能。

提升记忆力的运动：慢跑、骑自行车、快步走、游泳等中强度的有氧运动。

想要增加孩子的专注力，多让孩子玩球

专注力需要大脑多个区域共同合作，包括前额叶、基底核、小脑、顶叶

等。要同时刺激这么多个大脑区域，最好的运动应该就是球类活动了。因为在玩球的过程中，会包含跑步、协调、平衡、视觉空间、速度及敏捷度等，因此，球类活动应该是综合性最强的运动。

增加专注力的运动：足球、篮球、橄榄球、网球等球类运动与击剑运动。

想要提升孩子的思考力，让孩子多用力

许多研究指出：锻炼肌肉能增强大脑的执行功能，因为肌力训练能增加大脑的血流速度，提高警醒程度与注意力，同时促进神经细胞间的连接和双侧前额叶的活化。而前额叶正是大脑的总指挥，负责推理、问题解决、执行与思考。因此，刺激前额叶就能帮助提升大脑的执行功能。

提升思考力的运动：攀爬、单杠、仰卧起坐、拔河等肌力训练。

想要孩子长高，就要让孩子多跳

儿童能不断地长高，靠的就是骨骼中的生长板。在生长板闭合之前，最大程度地刺激生长板是长高的关键，而跳跃正是刺激生长板最有效的运动。不间断性的跳跃活动（如在跳床上跳跃）会比间断性的跳跃活动（如跳绳）在促进身高发育方面的效果更好。

帮助长高的运动：跳跃、篮球、跑步、跳绳等。

想要增强孩子的挫折忍耐力，让孩子做瑜伽

瑜伽能增加血清素分泌，降低皮质醇释出，有助于减低焦虑，增加自我概念与自信心，帮助提升一个人的情绪表现及稳定度。因此，如果家长特别想要帮孩子增加自信、挫折忍耐力，瑜伽会是非常适合的运动。

增强挫折忍耐力的运动：瑜伽。

想要增加孩子食欲，要选择间歇式有氧运动

研究发现：在间歇性有氧运动后，等身体冷却下来，食欲就会大增。

增加食欲的运动：游泳、轮滑等。

想要提高孩子学习成绩，必须有氧运动 + 球类运动 + 肌力训练三管齐下

学业表现是多个脑区共同合作的成果，有氧运动、速度和敏捷度相关的运动都能帮助提升孩子在学业上的表现。想要提高学习成绩，跑步是最基本的；想要提升意志力，必须再加上强调速度和敏捷度的球类运动；最后还要加上肌力训练，才能全面有效提升孩子的学习能力。

提升孩子课业表现的运动：跑步+球类+攀爬。

推荐给不同年龄段孩子的运动

2 岁以下

2岁以下的孩子，心肺、脊柱、骨骼等都尚未发育完全，应该以建立运动习惯为主，让孩子对运动有认知就行了。例如，可以让孩子多多练习翻身、爬行，训练四肢的活动能力。

3 ~ 6 岁（幼儿园时期）

这一阶段是孩子协调性、灵敏性、柔韧性发展的黄金期。骑平衡车和自行

车是不错的运动，可以充分锻炼孩子的平衡能力和手眼协调能力。攀爬类运动及跳绳、踢足球等全身性运动可以让孩子慢慢尝试。

值得注意的是，这个年龄段的孩子还不适合参加对抗性、竞技性非常强的项目。

6 ~ 12 岁（小学时期）

孩子进入小学后，更加喜欢跳跃、球类等运动。家长可以带孩子去户外跑步，游泳也是非常不错的选择。还可以适当给孩子增加一些简单的对抗项目，如击剑、跆拳道等。一些小的负重力量训练，如仰卧起坐、哑铃操等也可以尝试。

数据显示，10岁是孩子的发胖高峰，这一时期有些孩子容易出现激素紊乱，建议每天保证30 ~ 60分钟的运动时间。

13 ~ 18 岁（初高中时期）

进入青春期后，孩子的骨骼质量和肌肉含量会激增，到17岁已基本接近成年人水平。这个阶段孩子的爆发力、速度、耐力等都在快速增长，篮球、足球、排球、网球等运动都可以参与，主要看孩子喜欢什么运动。

总的来说，家长可以在遵循孩子成长发育规律的基础上，带孩子接触不同种类的运动，让孩子感受到运动的快乐。然后再根据孩子的兴趣和喜好，选择1 ~ 2项运动坚持下去。

运动时的注意事项

运动不但能帮助孩子增强抗病力，保持身体健康，有助于孩子的生长发育，同时还能增进亲子关系，加强孩子之间的交流，增强孩子的自信心。但是与成人相比，孩子的肌肉力量较弱，更容易疲劳，如果运动时间过长或运动不当等，都有可能受伤。

运动前要热身

为什么运动前要热身？热身有什么好处？

热身是指在运动前用短时间、低强度的动作，让运动时要使用的肌肉群先行收缩活动一番，以增加局部和全身的温度以及血液循环，并使体内的各系统（包括心血管系统、呼吸系统、神经系统、运动系统等）能逐渐适应即将面临的较激烈的运动，以减少运动损伤。因此，运动前一定要做充分的热身准备，避免引起肌肉抽筋、关节扭伤等，确保运动安全。

比较典型的热身运动包括腕踝关节绕环、转体运动、前屈拉伸等，这些运动可以减少关节、韧带、肌肉的损伤。充分的热身运动还能够刺激肌肉，调动肌肉的兴奋性，让运动变得更加轻松。

运动不能过量

运动对于身体和免疫功能的助益，必须来自“合适的量”，不宜过量。世界卫生组织建议，儿童每天都需要充分的体育活动，运动时长因年龄而异。例如：

- 1 ~ 2 岁儿童每天进行的各类体能活动应不少于 180 分钟。
- 3 ~ 4 岁儿童的运动时长标准与 1 ~ 2 岁儿童相同，只不过中等至高等强度的身体活动应占 60 分钟。
- 5 ~ 17 岁的儿童与青少年每天应进行至少 60 分钟的中等至高等强度的身体活动。

儿童青少年的所有活动建议尽量在室外进行。科学运动、适量运动，并长期坚持下去，才能提高免疫力、强身健体。

其他注意事项

- 饭前及饭后半小时内不宜做剧烈运动。
- 运动过程中，不要让孩子穿有长绳或带子的衣服，避免在活动中因绳带缠绕而引起危险。
- 运动时应引导孩子循序渐进，慢慢增加运动量，切忌一开始就做剧烈运动。
- 如果进行两人或两人以上的有身体接触的户外游戏，应尽量安排体型相似的孩子为一组。
- 孩子心跳较快且易疲倦时，不适宜长时间持续运动，要安排中场休息。

- 孩子户外运动后会大量排汗，需要及时为他们补充水分。
- 打篮球、踢足球等高强度运动会消耗掉大量的体力，应提前为孩子准备一些食物（如巧克力、葡萄干等）和水，以及时补充能量。
- 运动后不能戛然而止，要缓缓地结束，做一些拉伸动作，有助于身体塑形。
- 运动后，需要引导孩子进行整理活动，及时舒缓肌肉紧张及疲劳。
- 如果孩子患有先天性心脏病、哮喘等疾病，应遵从医嘱，视情况进行适当锻炼。
- 运动后 30 分钟左右可以适当吃一些东西，建议挑选能快速消化和吸收的食物，如果汁、水果、面包、酸奶等。

和爸爸妈妈一起做有趣的游戏，快乐又强身

我以前在电视里看到一个五六岁的小女孩玩单杠玩得非常好，让我惊呆了。后来了解到，小朋友的爸爸是健身达人，每天都要进行体育锻炼。爸爸每次锻炼的时候，小女孩也会在一旁跟着爸爸伸伸腰、跑跑步。爸爸除了经常带孩子一起锻炼外，也经常带着孩子一起进行户外活动，陪孩子踢毽子、骑自行车等。其实，现在很多家长已经意识到运动锻炼对孩子成长的重要性，并且开始主动多与孩子进行户外活动。从某种程度上说，运动锻炼能够提升孩子的非认知技能，如团队合作、社交性和纪律性。

俗话说：“言传不如身教。”这句话很有道理。言传给孩子传递更多的是抽象类知识，而价值观是抽象的，只有在具体的身教中才能被很好地实践。运动就是实践的一种方式。同时，运动实践也就是实实在在的陪伴，帮助孩子更好成长和发展自己的技能。之所以爸爸妈妈带着孩子一起运动如此受追捧，是因为这也是一种积极有趣的亲子活动。孩子和父母都可以在这个过程中得到非常愉悦的体验，并且在具有陪伴意义的互动中，父母还可以向孩子传递正确的世界观、人生观和价值观。所以，如果爸爸妈妈能够带着孩子一起去运动，例如游泳、踢球、爬山等，那么孩子也能在运动过程中从父母身上学到合作、刚强、责任、独立、勇敢、冒险和敢于挑战等各种好品质。而且，爸爸妈妈可以通过本身对运动锻炼的态度来给孩子营造一种热爱生活的氛围。当爸爸妈妈陪伴孩子一起进行身体锻炼，那么孩子也会对运动锻炼形成一个积极向上的认知。此外，孩子会从运动中感受到爸爸妈妈对自己的重视，自己是被爱的；另一方面，和父母一起运动锻炼，可以让孩子在无形之中参与到亲子互动中，锻炼身体的同时也可以培养其独立的能力。

适合小朋友的家庭游戏运动项目

家长用手抬起孩子的两条腿，让孩子只用两只手向前爬。这样既可以锻炼孩子的协调能力，也可以提升对家人的信任感。

家长用衣服、枕巾等当作渔网，抛出去，看看谁跑得快、谁跑得慢，跑得慢的孩子很容易被网住。这样可以锻炼孩子的反应速度。

孩子在单脚维持平衡的情况下，拿起地面上的物体，并摆放好。

适合和初高中学生一起做的有氧运动和抗阻运动

有氧运动

有氧运动，如跑步、游泳、登山、骑自行车、跳绳等，特别有利于强化孩子的心肺功能。肺的主要作用是进行气体交换，帮助人体吸入氧气，排出二氧化碳等废气。人体血液中承载了氧气的同时，也负责承载营养物质。血液通过心脏的动力，流淌到身体的每一个器官、组织、细胞当中，带进去的是氧气和营养物质，带出来的是二氧化碳和垃圾。经常做有氧运动可以让我们的心肺功能更强大，氧气和营养成分就更容易运送到我们的组织、器官、细胞当中去，更有利于机体的健康，有利于提升免疫力。

抗阻运动

抗阻运动，如举哑铃、俯卧撑、卷腹、深蹲等，可以更好地促进肌肉生长。日常锻炼的时候，如果能够穿插抗阻运动，提升肌肉含量，那么我们身体的免疫力就会上升，运动能力、平衡能力就会变得更强，对关节、骨骼的保护也会更充分。此外，有调查显示，如果两个人的年龄、体重相同，同时患上相同的疾病，肌肉含量高的人在治疗期间的不良反应会更少，康复速度会更快，生存概率更大。

运动不能偷懒，要坚持下来，而且要把有氧运动和抗阻运动结合起来。一方面做一些有氧运动，强化心肺功能，让身体的气血通畅；另一方面做一些抗阻运动，提高肌肉含量，提升免疫力。有氧运动和抗阻运动相结合，有助于提升身体健康状态，让身体保持在一个年轻水平。

辅助推拿，18 个特效穴使能量循环更顺畅

相信家长们对小儿推拿都很熟悉，小儿推拿以手法直接操作，通过刺激穴位，可以促进儿童的生长发育，还能增强抗病力、改善睡眠质量、缓解疼痛和疾病症状等，具有多种好处和功效。我给大家推荐常用的18个特效穴，经常给孩子按一按，能让孩子少生病。

提高宝宝免疫力的推拿穴位

涌泉穴

◎**穴位定位：**位于足掌心前1/3凹陷处。

◎**操作方法：**可以用拇指指腹着力，向足趾方向直推，称为推涌泉；用拇指指腹在涌泉穴按揉，称为揉涌泉。先向足趾方向推50~100次，再以顺时针方向揉按100~300次。

◎**作用：**有利于缓解发热、呕吐、腹泻、五心烦热。

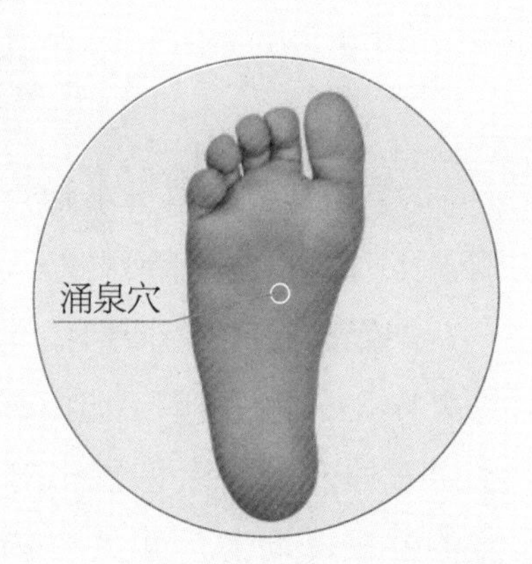

三阴交穴

◎**穴位定位：**位于小腿内侧，内踝尖直上3寸处，大约脚踝上4指处。

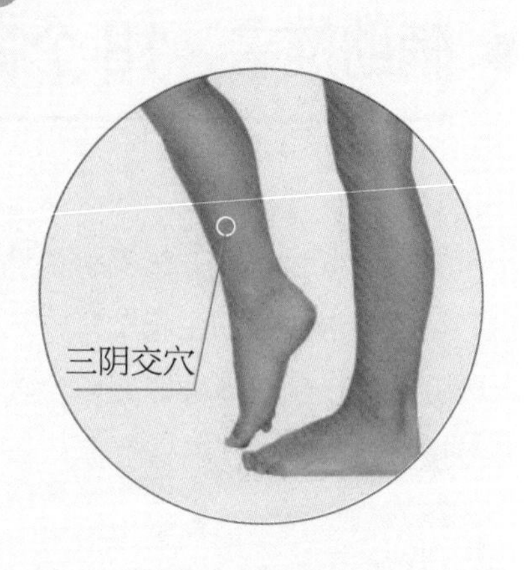

◎**操作方法：**用拇指或中指指端按揉，称为“按揉三阴交”，按3~5次，揉20~30次。

◎**作用：**有助于治疗遗尿、尿闭、小便短赤涩痛、消化不良等症状。

足三里穴

◎**穴位定位：**位于小腿外侧，外侧膝眼下3寸，距胫骨前缘约一横指处。

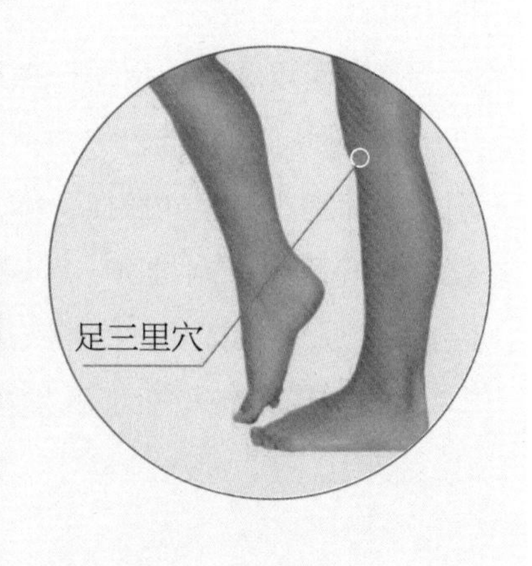

◎**操作方法：**用拇指指端按揉，每次1~3分钟。用单手拇指螺纹面置于足三里穴处，余指置于对侧或相应的位置以助力。腕关节悬屈，拇指和前臂部主动施力，进行节律性按压揉动。

◎**作用：**有助于治疗腹胀、腹痛、呕吐、泄泻等症状。

脊柱

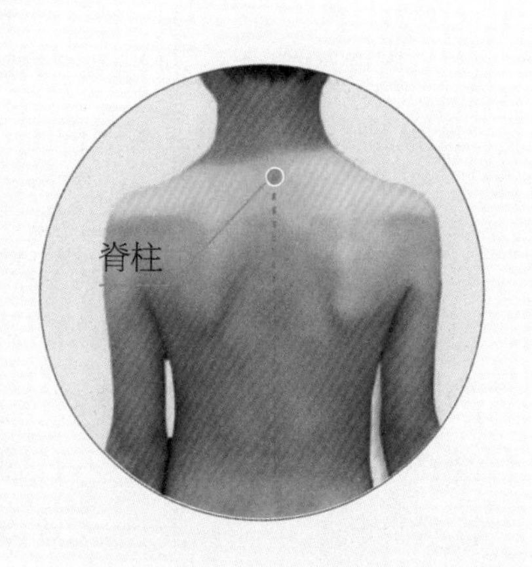

◎**穴位定位：** 大椎至长强呈一直线。

◎**操作方法：** 常用捏脊法，亦可用推法。捏脊时每捏三下将脊背皮肤提一下，称捏三提一法；或捏三遍，随捏随提三遍，共六遍。以食、中指自上向下推脊柱，称推脊。捏脊3~6次，推脊50~100次。

◎**作用：** 捏脊能调阴阳、理气血、调脏腑、通经络、培元气，具有强健身体的功能，是小儿保健常用手法之一。

肺经

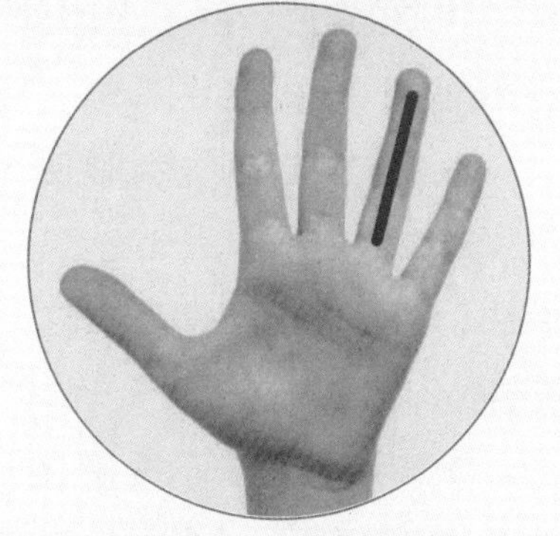

◎**穴位定位：** 无名指末节螺纹面或无名指掌面，由指尖至指根呈一直线。

◎**操作方法：** 按摩者一手持患儿无名指以固定，另一手以拇指指腹旋推患儿无名指末节指腹100~500次。

◎**作用：** 补肺经：补肺气；清肺经：宣肺清热、疏风解表、止咳化痰。

脾经

◎**穴位定位：**拇指末节螺纹面或拇指桡侧缘，由指尖至指根呈一直线。

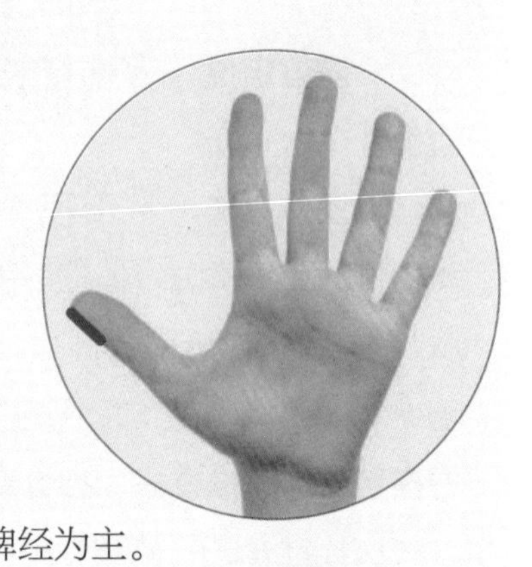

◎**操作方法：**选择小儿左手拇指外侧缘指尖至指根位置，操作者使用自己右手拇指轻柔直推即可。从指尖推向指根为补脾经；从指根推向指尖为清脾经；来回推为清补脾经。日常保健直推次数为100次左右即可，常规保健以补脾经为主。

◎**作用：**补脾经可以健脾胃、补气血；清脾经可以清热利湿、化痰止呕；清补脾经可以和胃消食、增进食欲。

中脘穴

◎**穴位定位：**位于上腹部，当前正中线上，脐中上4寸。

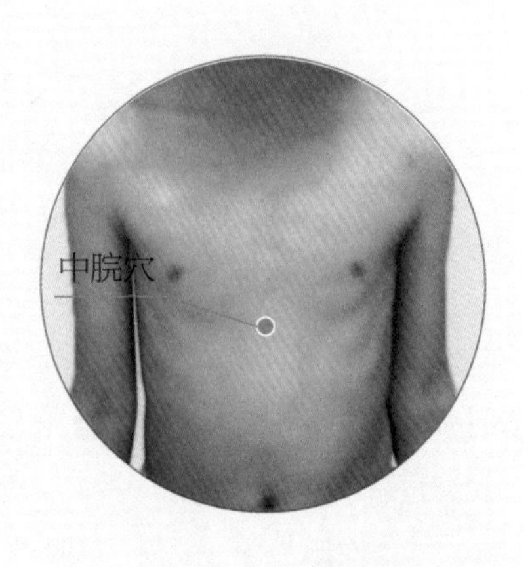

◎**操作方法：**①揉中脘法：用指端或掌根在穴上揉，2～5分钟。②摩中脘法：用掌心或四指摩中脘，5～10分钟。

◎**作用：**有利于缓解腹胀、腹痛、呕吐、泄泻、食欲不振等症状。

坎宫穴

◎**穴位定位：** 自眉头起沿眉向眉梢呈一横线。

◎**操作方法：** 用两手拇指自眉心向两侧眉梢做分推，称为推坎宫，亦称分（头）阴阳。推30~50次。

◎**作用：** 有助于缓解感冒发热，起到醒脑、明目、止头痛的作用。

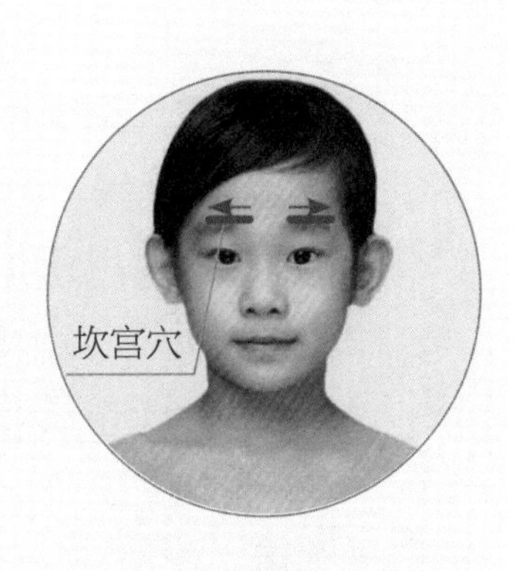

肚角穴

◎**穴位定位：** 位于脐下2寸，旁开2寸。

◎**操作方法：** 用指端揉或按，称揉或按肚角；用拿法，称拿肚角。揉或按1~3分钟。

◎**作用：** 有助于治疗腹痛、腹泻、便秘等症状。

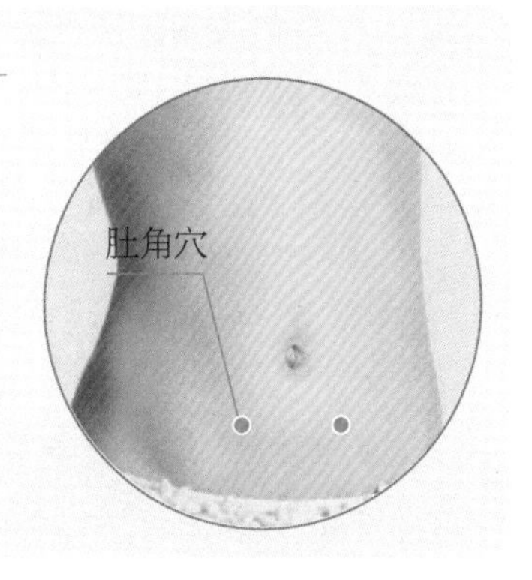

箕门穴

◎**穴位定位：** 位于大腿内侧，膝盖上缘至腹股沟呈一直线。

◎**操作方法：** 合并食指、中指，用指腹从腹股沟部位推至膝盖内侧上缘，操作100~300次。

◎**作用：** 有助于缓解小便短赤、尿闭、水泻等症状。

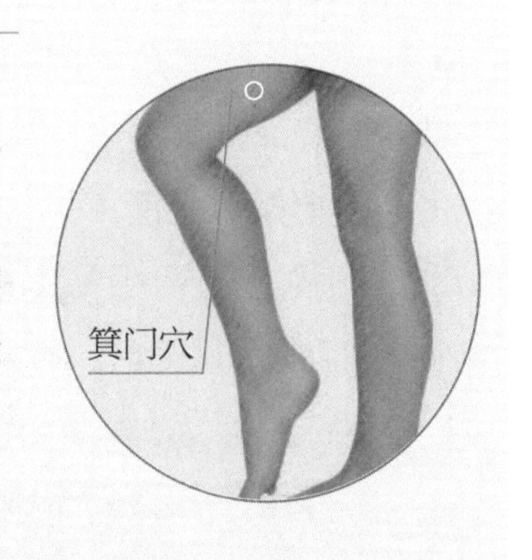

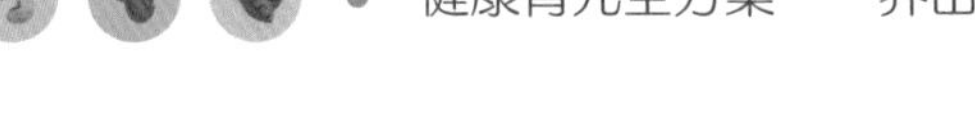

天门穴

◎**穴位定位：**位于两眉中，印堂至前发际呈一直线。

◎**操作方法：**用两手掌面及四指扶住患者的头部，用两拇指指腹交替从两眉正中推向前发际，称开天门。一般保健按摩推100~150次。

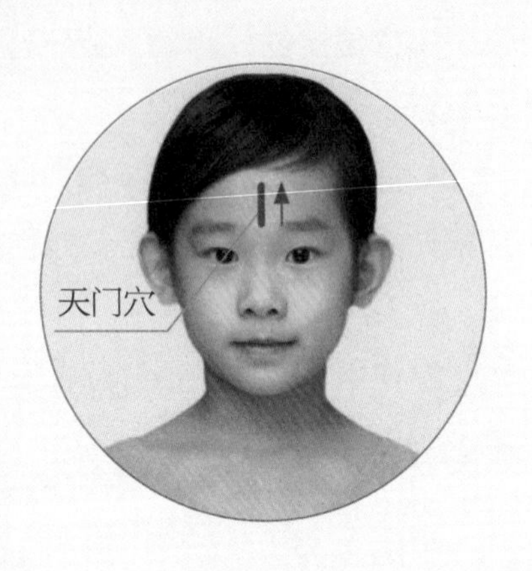

◎**作用：**有助于缓解小儿感冒、发热、头痛、精神萎靡、惊恐不安等症状。

肺俞穴

◎**穴位定位：**位于后背部，平第3胸椎棘突下，脊柱旁开1.5寸。

◎**操作方法：**小儿俯卧位，用食指、中指、无名指三指指面用力，擦肺俞至局部微微发热，此谓擦肺俞；用两手拇指自上而下推动100次，此谓推肺俞；用两手拇指螺纹面揉动100次，此谓揉肺俞。日常保健只需选择一种手法即可。

◎**作用：**有助于治疗咳嗽、胸痛、胸闷等症状。

百会穴

◎**穴位定位：**位于头顶上，两耳朵尖连线的中点。

◎**操作方法：**一手固定小儿头部，另一手拇指端按揉或掐揉或按之。掐或按3～5次，揉30～50次。

◎**作用：**有助于治疗眩晕、头痛、惊风、癫痫、失眠等，孩子久泻、脱肛、遗尿等也常用到此穴位。

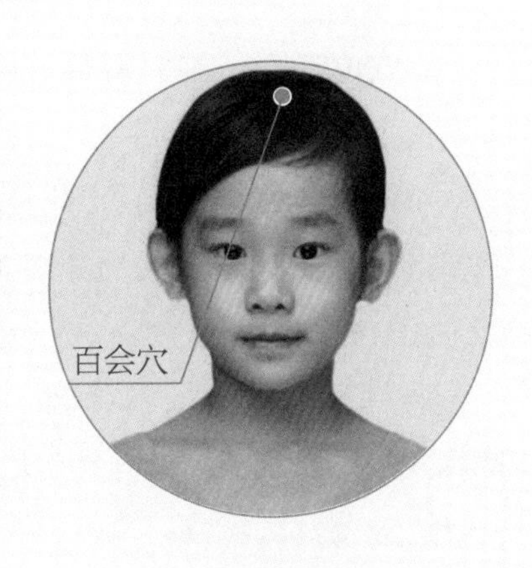

太阳穴

◎**穴位定位：**位于额部的两侧，眉尾向后一寸的凹陷处。

◎**操作方法：**两拇指或两中指端分别在左右两太阳穴上揉动。向前揉为补，向耳后揉为泻。揉30次。

◎**作用：**有助于缓解小儿头痛、偏头痛、眼睛疲劳、牙痛等疾病，可以振奋精神、止痛醒脑。

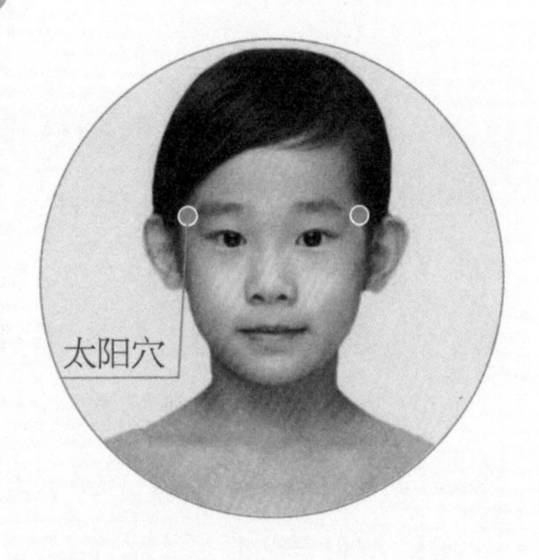

囟门

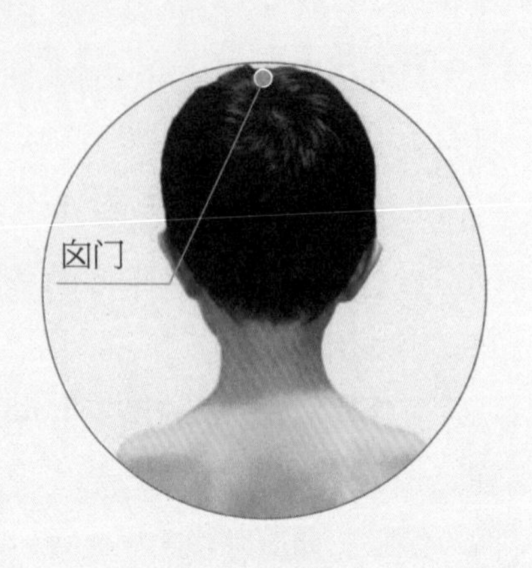

◎**穴位定位：**前额发际正中向上2寸，百会穴前方骨陷中。

◎**操作方法：**两手扶小儿头侧，两拇指自前发际向该穴轮换推之（囟门未闭合时，仅推至边缘），称推囟门；拇指端轻揉本穴，称揉囟门；指摩本穴，称为摩囟门。推100次，揉50次，摩3分钟。

◎**作用：**有助于缓解头痛、惊风、神昏、烦躁、鼻塞等症状。

大椎穴

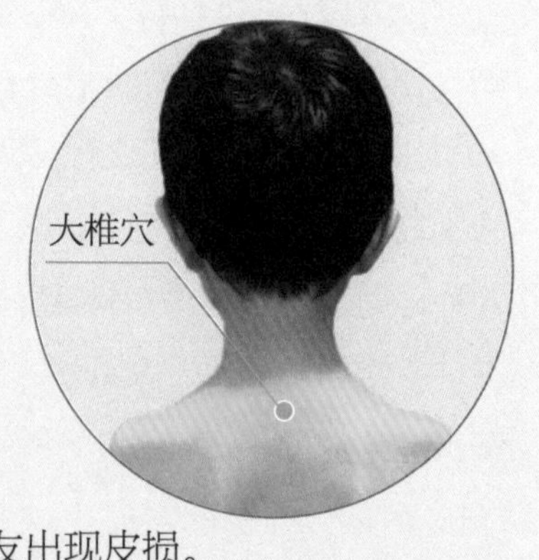

◎**穴位定位：**位于颈后部，第7颈椎棘突下凹陷中，后正中线上。

◎**操作方法：**选择小儿背部大椎穴，使用右手拇指进行穴位揉法100次；若小儿夹带湿邪或是积食，可用右手拇指和食指掐捏穴位7次；若小儿中暑伴呕吐无力，可用刮痧板从上向下轻柔刮拭10~30次，注意不要让小朋友出现皮损。

◎**作用：**有助于缓解感冒、发热、咳嗽等症状。

肩井穴

◎**穴位定位：**位于肩胛区，大椎与肩峰连线的中点，肩部筋肉处。

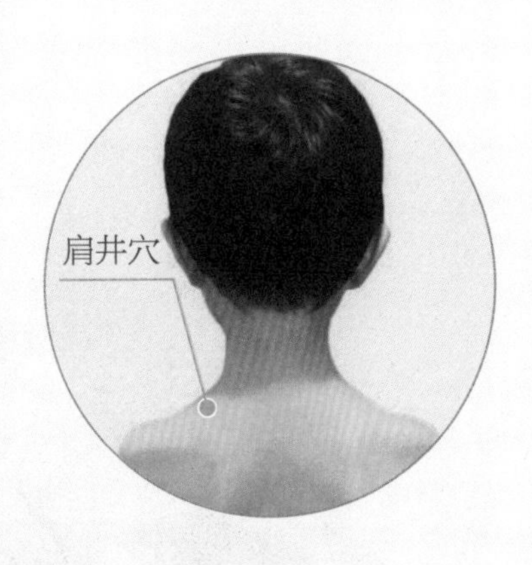

◎**操作方法：**用拇指、食指、中指三指深拿3次，此谓拿肩井；用拇指稍用力按压10次，此谓按肩井；用拇指螺纹面揉动10次，此谓揉肩井。日常保健只需选择一种手法即可。

◎**作用：**有助于缓解感冒、发热、上肢抬举不利等症状。

肾俞穴

◎**穴位定位：**位于腰背部，第二腰椎棘突下，旁开1.5寸。

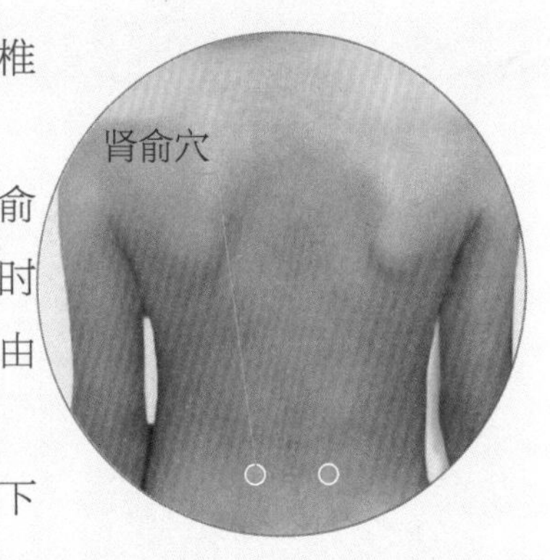

◎**操作方法：**用拇指指端点按肾俞穴，以顺时针方向揉按10~30次，再以逆时针方向揉按10~30次。力度由轻至重，再由重至轻。用相同手法点按另一侧肾俞穴。

◎**作用：**常用于缓解腹泻、遗尿、下肢痿软乏力等症状。

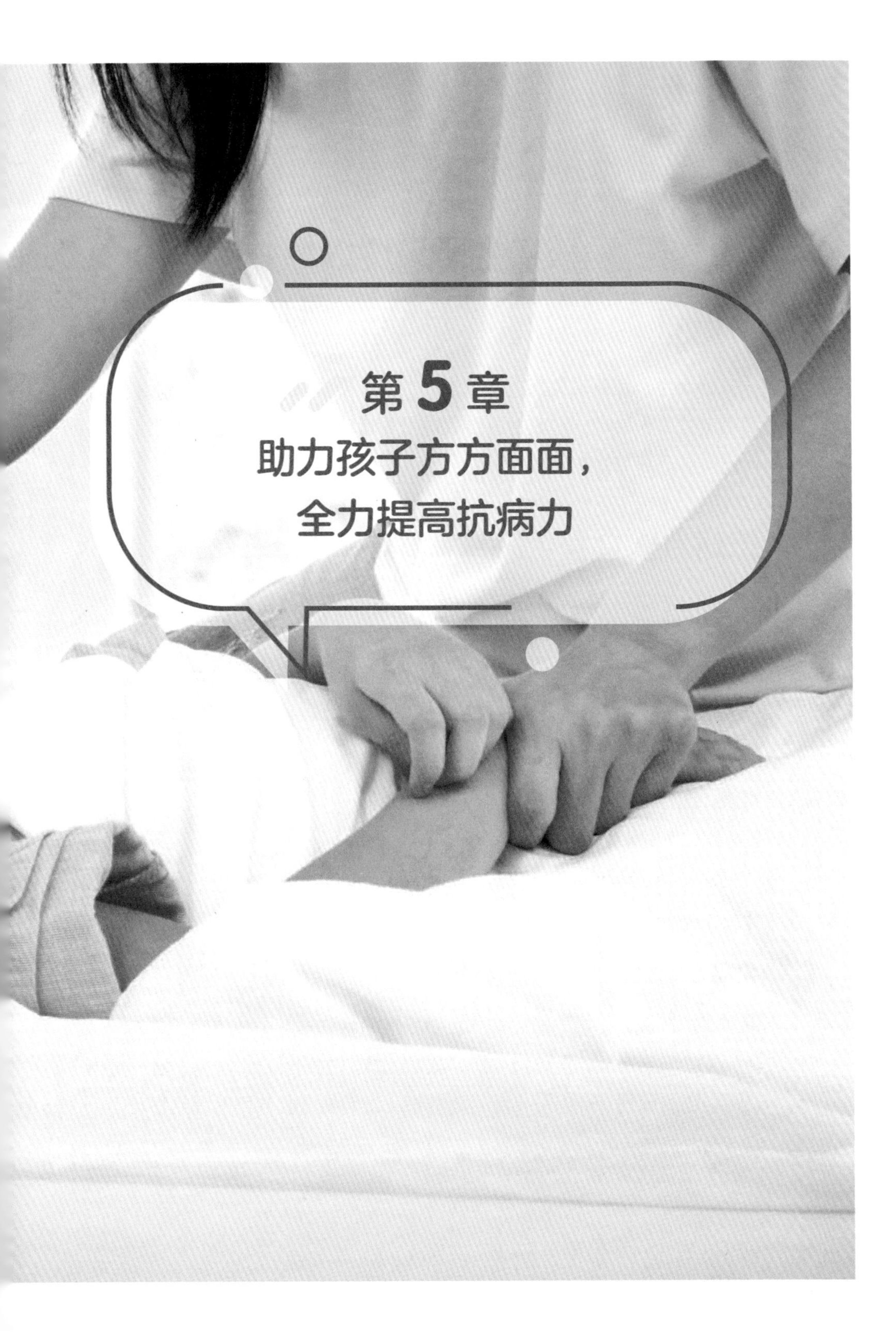

第5章
助力孩子方方面面，全力提高抗病力

重新检视孩子生活习惯以提升抗病力

孩子的健康和自身的抗病力息息相关，而孩子本身的抗病力与日常护理和生活习惯也有很大关系，健康的饮食、优质的睡眠、合理的穿着、排便习惯、日常用药等都会影响孩子的抗病力。

抗病力饮食安全区

食品安全应该是每一位妈妈从孩子出生后特别关注的问题，每次看到新闻报道的一些不安全食品事件，妈妈们的内心都会很紧张。

首先我们来了解一下预包装食品的食品安全。我觉得妈妈们学会看包装食品的标签、学会看配料表，比担心食品安全更重要。例如我们在给孩子选纯牛奶时，配料表应该只有生牛乳三个字。

食品标签建议大家从以下5个方面来看，也就是：食品名称、配料表、营养成分表、特殊标识和生产日期。

食品名称

例如我们在挑选牛奶的时候，一定要看食品名称写的是纯牛奶还是酸酸乳饮料。给孩子选奶制品，应选纯牛奶，酸酸乳饮料中的乳含量较低，营养价值远不如纯牛奶。此外，还有一类就是零糖食物，有些宝宝专用的食品写着零蔗糖，但可能用其他的糖，如麦芽糖，“零蔗糖”只是个噱头。

配料表

配料表所展示的是食品所包含的主要成分。配料表第一位一般是含量最高的，第二位次之，含量随排位递减。例如下面这个全麦面包的配料表，第一位是小麦粉，第二位是白砂糖，第三位是全麦粉……根据配料表，我们不难看出这个全麦面包的全麦粉含量比白砂糖还低，是非常不合格的。

食品名称	全麦麦芬吐司面包	产品类别	软式面包	贮存条件	常温
配料	面包用小麦粉（小麦粉、维生素 C、硬脂酰乳酸钙）、白砂糖、全麦小麦粉（小麦粉、小麦麸、谷朊粉、维生素 C）、水、食用油脂制品、果葡糖浆、鲜酵母、食用盐、食品添加剂（碳酸钙、维生素 C、单双甘油脂肪酸酯、丙酸钙、脱氢乙酸钠）。				
致癌物质提示	含有麸质的谷物及其制品、大豆及其制品，此生产线也加工含有蛋类及其制品、乳及其制品的食物。				

营养成分表

每一个预包装食品都会有一个营养成分表，营养成分表里面标明了能量、蛋白质、脂肪、糖类和钠等营养素的含量。除了每100克或者每一份的含量之外，还会标明占营养素参考值百分比（即NRV%），也就是说100克或者一份食品中，营养素的含量占成年人平均每日所需总量的比例。为什么会特别标出来呢？这是因为营养素参考值百分比能让我们一目了然地知道各种营养素的摄入比例，轻松掌握营养素摄入量的多少。

其实，我们从给孩子挑选辅食开始，就要特别注意钠的含量，我曾经看过一款宝宝吃的面条，钠含量超高。有些市面上所谓的宝宝酱油，钠的含量也超标。孩子肾脏发育还不完善，应尽可能减少钠的摄入。一般情况下，营养素参考值百分比里面钠的含量建议不要超过30%。

项目	每 100 克	营养素参考值 %
能量	2547 千焦	30%
蛋白质	27.0 克	45%
脂肪	50.2 克	84%
糖类	16.5 克	6%
钠	949 毫克	47%

特殊标识

包装食品里面有个特别重要的地方，就是有机食品标志（如右图）。有机食品价格高，但安全性也更高，对于特别关注食品安全的妈妈来说，可以给孩子多挑选有机食品。

生产日期

生产日期是必看的项目。虽然我们去超市已经很难买到过期的食物，但是我们买回家之后也要注意储存条件，吃之前记得留意生产日期，尤其是奶制品等保质期较短的食品。我儿子有一次不小心喝了过期牛奶，发生了呕吐，后面一两个星期肠道都特别弱。所以，冰箱里的食物一定要留意保质期，不要让孩子误食了过期食物。

除了预包装食品要注意食品安全，日常生活中常选的食材也存在许多食品安全问题，需要大家引起重视。其中，特别提醒大家要重视肉蛋类的食品安全问题，尤其是鸡蛋。很多鸡蛋携带沙门氏菌，沙门氏菌是一种食源性致病菌，感染后会导致呕吐、腹痛腹泻、头痛等情况。尽量不要让孩子用手去摸生鸡蛋，如果摸了要及时洗手。鸡蛋放冰箱里储存时，建议用专用鸡蛋盒来存放，应和其他生鲜品隔开，防止被污染。烹调鸡蛋时也要等熟透了再上桌，孩子尽量少吃流心蛋或溏心蛋。

未煮熟的牛肉、果汁、生牛奶以及被污染的饮用水等可能含大肠杆菌，感

染这种细菌会导致严重腹泻、腹痛、呕吐，持续时间5～10天。因此，肉食一定要煮熟，水果蔬菜在食用或烹饪之前一定要清洗干净，并避免喝未经高温消毒的牛奶。

生海鲜中通常存在副溶血弧菌，若在食用海鲜后24小时左右出现拉稀、胃痉挛、恶心、呕吐、发热和发冷等症状，并持续3天及以上，有可能是感染了这一细菌。因此，海鲜也应彻底煮熟后再食用，以免感染细菌。

李斯特杆菌常见于土壤和水中，在生食和未消毒牛奶中也有发现。感染这种细菌后会出现发烧、打冷战、头痛、胃部不适或呕吐等症状。由于这种细菌在低温下仍可生长，因此应及时清除冰箱的残留污渍。

此外，蜂蜜中可能含有肉毒杆菌，由于宝宝的胃肠还没发育完善，屏障功能较弱，肝脏解毒能力差，如果肉毒杆菌在肠道中繁殖，哪怕是微小的量都会引起孩子中毒，因此1岁内的孩子是不能吃的。蜂蜜毕竟属于高糖食物，1岁以上孩子食用时也要注意用量。

低品质睡眠是健康杀手

对于孩子来讲，睡眠有着特殊的意义，因为晚上睡觉的这段时间是孩子体格生长以及大脑发育的关键期。

儿童生长激素的分泌高峰期是在晚上9点到凌晨1点。一般来说，进入深睡眠一个小时之后才能达到分泌高峰期。生长激素对儿童体格的生长发育非常关键，尤其是对于身高的增长特别重要。我们也可以仔细观察身边的孩子，能够在晚上9点之前入睡的孩子，身高一般比晚睡的孩子要高。

现在的孩子课业繁重，有些孩子迷恋于电子产品，导致入睡的时间越来越晚，长此以往，可能会影响身高的发育。家长尽量不要让孩子熬夜，最迟在10:00之前一定要睡觉，以保证生长激素的正常分泌。

如果发现孩子长期睡眠不好，需要多关注一下孩子是否缺乏维生素D，尤其是婴幼儿阶段。维生素D与钙的吸收密切相关，可调节身体内钙的平衡。如果孩子每天接受充足的日照，是可以正常合成维生素D，但如果孩子不喜欢进行户外活动，或者在日照不足的冬季，没有额外补充维生素D的话，容易导致体内维生素D缺乏。如果孩子睡觉时出现多汗、烦躁或容易惊醒的情况，建议家长及时带孩子去医院做检查，有可能是维生素D缺乏。一旦确认维生素D缺乏，应及时为孩子补充。

孩子睡眠好不好，与习惯养成也有关。在这里给大家分享一些尽快让宝宝入睡的小妙招。

- 尽可能从宝宝出生开始就让他睡自己的小床，但必须和家长睡一个房间，每次睡觉前家长可以陪孩子躺在他自己的小床上，让他自己入睡。这样有利于孩子养成好的睡觉习惯，拥有一个独立的入睡空间，大人孩子之间也不会互相影响。如果无法在一开始分床睡，在孩子 3 岁时也要尽量完成分床。
- 睡前能够形成一套固定的入睡程序。例如睡觉前先洗澡，刷牙洗脸；然后再讲一个睡前故事，或者和孩子分享有趣的事。等一系列入睡程序完结，孩子就知道应该睡觉了。白天尽可能带孩子多进行户外活动，晚上能够更好地入睡。
- 午睡的时间不宜过久，一般不超过一个小时，否则晚上会很难入睡。

衣服穿对了，愉悦不生病

孩子穿的衣服以舒适方便为主，从材质的选择上，我更推荐棉麻材质，尤其是婴儿阶段，也可以选纱布材质，吸汗又透气。对于大一些的孩子，夏天可以选择穿速干衣。不建议给孩子穿过于复杂的衣服，否则穿脱会很不方便，款式简单的衣服也有助于孩子尽早学会独立穿衣。

孩子忌穿太厚的衣服。一般来说，孩子穿衣的厚度和家里成年男性保持一致就可以了。我们身边有很多老年人自己穿得厚，以为孩子比自己更怕冷，要求孩子比自己再多穿一件，其实这种做法并不对。孩子穿太厚，捂得太严实，整个人都被束缚住了，反而行动不便。而且孩子新陈代谢较快，穿太厚的衣服会导致身体产生的热量无法散发，很容易捂出一身汗，冷风一吹，反而更容易受凉，导致感冒发热等。

过于重视干净，孩子的抗病力反而会下降

有这样一个故事，一对搞化学研究的夫妇，在孩子出生后就一直给孩子喝蒸馏水，因为在他们的认知里，蒸馏水是最干净的水。结果孩子不到6岁就夭折了，就是因为蒸馏水太过于干净，缺乏营养物质或矿物质，长期饮用容易导致营养不良以及微量元素缺乏，还会导致免疫力逐渐下降，容易引起各种疾病的发生。

我所接触过的妈妈中，有不少妈妈从孩子出生之后，家里每天都要用消毒水擦一遍。有些妈妈为了能让孩子不接触细菌，不允许孩子去公共游乐场玩，甚至让孩子推迟入学，避免感染流行病。其实这些做法都是不可取的。我们会发现，每天用消毒水消毒的家庭，其孩子可能更容易过敏。让孩子推迟入学，

但不能一辈子不入学，当他到了一个人群聚集的环境中，他就是最容易生病的那个。

其实，过度的保护让孩子减少了在正常生存空间接触细菌的机会，同时也剥夺了孩子锻炼自身免疫力的机会，可能会降低儿童的免疫力，导致其免疫系统缺陷。如果生活环境过于干净，意味着孩子早期接触到的微生物较少，因此孩子对一些过敏原的抵抗力减弱。太爱“干净”固然不好，但这也不代表从此就可以放任不管家里的环境卫生，脏乱差的环境对孩子的成长危害也是极大的。只要营造一个相对干净整洁的环境即可，大可不必天天消毒，过度追求无菌的环境。

此外，关于孩子的衣服、餐具、玩具等清洗和消毒的问题，我觉得正确的做法是孩子的衣物清洗时要放消毒液，孩子的餐具和入口的玩具每天要消毒，平时玩的玩具一周消毒一次即可。每次饭前便后要洗手，并且做到七步洗手法。孩子入口的任何食物和水一定要是安全健康的。

长期排便不规律或者便秘，抗病力也会变差

孩子小的时候，其免疫力主要来自肠道免疫，当孩子便秘或者肠道出现其他问题的时候，就会影响抗病力。长期便秘还有可能影响孩子的生长发育，因为便秘会影响食物营养的正常吸收，可能导致营养不良。所以便秘看似是个小问题，但它不仅影响孩子的抗病力，还可能会影响孩子的正常发育。因此，一旦孩子发生便秘，家长不能掉以轻心，应尽早采取措施进行调理。我在第1章谈到孩子便秘的问题以及处理方法，建议大家参考前面的章节帮孩子解决便秘的问题。

抗病力与药物的杀伤力

我在第一章讲儿童常见病症的时候谈到了自限性疾病，自限性疾病是指疾病在发展到一定程度后能自动停止，并逐渐痊愈，不需特殊治疗，靠自身抗病力就可痊愈的疾病。例如感冒就是自限性疾病，必须靠自己的免疫力去恢复，而不是靠药物，吃药只是帮我们缓解相关症状。很多家长一看到孩子生病遭罪，特别心疼，想尽办法让孩子尽快好起来，于是就大量使用抗生素。其实这种做法是错误的。抗生素只针对细菌感染才有效，病毒性的发热、感冒等，服用抗生素不仅起不到任何作用，反而容易杀灭孩子体内能够抑制病菌繁殖的有益菌，身体防御功能随之下降。如果长期使用抗生素，人体会产生耐药性，从而打乱人体平衡。这样不但影响了孩子的健康，还会使其身体的抗病力大大下降。因此，家长一定不能自行给孩子服用抗生素，如果必须服用，也应谨遵医嘱，否则会给孩子的身体带来伤害。

看到这里，有些家长不免要问：那孩子生病了是不是尽量不用药呢？对此，我总结了儿童用药的几个常见问题，希望能为家长们提供帮助。

孩子生病是不是尽量不用药呢？

孩子生病后是否需要用药，要视情况而定，毕竟“是药三分毒”。但要跟家长强调的是，切忌擅自用药，特别是擅自使用抗生素。滥用抗生素不仅容易发生不良反应，例如过敏，也可能导致儿童肠道菌群失调，出现腹泻、消化不良、抵抗力下降等情况。对于身体发育尚不完全的孩子来说，经常使用抗生素会加重肝、肾等排毒器官的负担，对身体造成损害。如果孩子只是低热，精神状态很好，能吃能喝能睡，一般采用物理方法降温，多喝水，多休息，很快就能恢复。如果孩子因为受凉或吃了不干净的食物而引起腹泻，也不用着急吃药，用益生菌和锌片帮助孩子修复肠道，同时帮孩子做一些腹部推拿，多喝水，一般也能够很快恢复。但是如果腹泻同时伴随精神状态不好，那就要及时去看医生。

我虽然不主张一生病就用药，但并不代表完全拒绝用药。孩子生病有时候发病急，病情变化很迅速，稍一疏忽，可能就会错过最佳治疗时间。孩子生病，家长还需多用心观察，一旦发现孩子精神不佳、食欲较差，或者出现呕吐、高热等情况，则应及时去看医生，并根据医生的建议服药治疗。

孩子一发热就要赶快吃退热药吗?

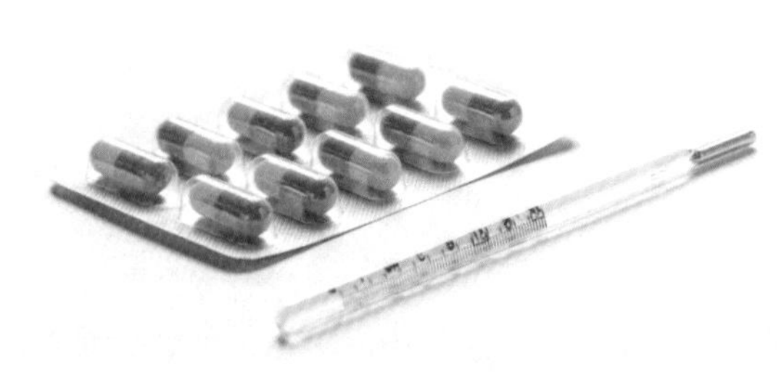

发热只是孩子生病的一个信号，它并不是一种独立的病，但可以帮我们诊断疾病。如果体温一上来就用退热药把它压下去，反而有可能掩盖了病情，给诊断造成困难。事实上，如果体温没有超过38.5℃，不建议服用退热药，可以选用物理降温（如温水擦浴等），并密切监测体温，多喝水，保持室内通风，吃清淡的食物，保证营养，多休息。当体温超过38.5℃时，孩子会感觉不舒服，且有可能会发生惊厥，尤其是大于41℃的超高热对人体的危害性很大，这个时候可以服用退热药，并结合物理降温方法退热，同时要积极治疗原发病。

市面上的退热药有很多种，选哪种才好?

世界卫生组织推荐给儿童的两种退热药为对乙酰氨基酚（泰诺、百服宁等）和布洛芬（美林）。两种退热药不建议混合使用，且一定要严格遵守使用说明。

孩子生病了是用药好还是输液好?

一般情况下，口服药比输液更安全，而且价格相对较低，服用起来也更方便。静脉输液直接进入血管，容易产生不良反应，如药物过敏等。因此，一般出现以下这些情况才建议输液。

治疗重症时;

孩子吞咽困难或者严重呕吐腹泻时；

孩子胃肠道紊乱不能吸收药物时。

大人的药给孩子吃可以吗？

相信有不少家长在孩子生病时习惯用成人药品来代替儿童药品，认为只要减少药量就行了。这种做法是错误的。儿童用药与成人用药在有效成分、剂量等方面都有很大区别，在治疗相同疾病或缓解相近症状时，成人使用的药物成分有很多是儿童所不适应的。这是由于孩子的肝肾功能还发育不全，若服用成人药物，即使减小剂量，也容易伤害肠胃和肝肾，对身体产生诸多不良影响，当然也不利于抗病力的提高。孩子用药一定要遵医嘱，用适合孩子的药，这方面家长要特别重视。

孩子专属的保健食品选用指南

保健食品对于增强人体健康可以起到一定的促进作用，但是面对市面上琳琅满目的幼儿保健品，家长们心里不禁疑惑：孩子究竟要不要食用保健食品呢？怎么帮孩子挑选保健食品呢？关于儿童保健食品的种种问题，接下来一一为大家详细介绍。

孩子有必要吃儿童保健食品吗？

孩子生长发育非常迅速，各种营养的供给对他们来说至关重要。那么，孩子还需要服用儿童保健品吗？营养学专家认为，正常发育的孩子只要不挑食、不偏食，均衡摄入各类食物，那么他就能够均衡地获取生长发育所需的各种营养物质，一般不需要补充保健食品了。

当然，如果孩子平时食欲不太好，或免疫力较低，经常生病等，那么可以考虑给予一些相应的保健食品，但在服用前需要征求医生的意见，而且服用的时间也不宜过长。因为任何营养都是“过犹不及”，尽管儿童保健食品确实对机体某些方面能够起到积极作用，但人体只有处在一个各类物质均衡的状态下才能保持健康，如果单方面强化某一方面的功能，就会打破机体平衡，反而对健康造成不利。例如有研究指出，赖氨酸可以增加人体对蛋白质的吸收率，对儿童的生长发育有促进作用，所以不少家长就给孩子补充赖氨酸。然而，一旦孩子摄入过多的赖氨酸，就可能出现食欲减退、体重不增、生长停滞、抗病力差等表现。因此，想要孩子健康地生长发育，绝不能一味地依赖保健品，更不可过量服用保健品。

如何挑选儿童保健食品？

选择儿童保健食品，我给大家四点建议：

一是尽可能选择有蓝帽子标志的保健食品。蓝帽子标志是我国保健食品专用标志，为天蓝色，呈帽形。蓝帽产品是由国家市场监督管理总局认证的，有认证的保健食品吃着更放心。

二是要选择有配料表以及明确标示有效成分含量的产品。有明确的成分才好判断产品的功效，不要只看宣传的功效，更不要被夸大宣传蒙蔽了双眼。

三是尽可能选择大品牌，最好是专业生产保健食品的公司，有自己的科研团队，专注于保健食品的研发和生产。保健食品并非普通的食品，选择靠谱的品牌质量更有保障。

四是要选择儿童专用的保健食品，而不是用成年人的保健食品来代替，毕竟成年人和儿童对每种营养素的需求不同。

常见的儿童保健食品

①儿童复合维生素

儿童复合维生素一般以B族维生素为主，如维生素B_1、维生素B_2、维生素B_6、维生素B_{12}、烟酸、叶酸等。同时添加了水溶性维生素C，还有少量的维生素D、维生素E和维生素K，以及镁、锌、铁等矿物质。

儿童复合维生素的挑选需要遵循以下原则：

- 尽可能挑选营养素种类丰富的，包含水溶性维生素和脂溶性维生素，以及矿物质等。每一种含量不需要过高，占儿童每日营养素推荐摄入量的 1/3~1/2 即可。
- 如果复合维生素中含有维生素 A，要特别注意维生素 A 一旦补充过量可能会引发急性中毒等。建议选以 β－胡萝卜素形式存在的复合维生素，因为 β－胡萝卜素在体内可以转化成维生素 A。当然，复合维生素中不添加维生素 A 也没有关系。
- 从口感上来说，建议挑选孩子能够接受的水果味，这样孩子才能欣然接受。
- 复合维生素的质量与营养素的原材料等有关，建议大家选择值得信赖的大品牌，不要贪便宜，以免得不偿失。

②益生菌

益生菌是一类对宿主有益的活性微生物，定植于人体肠道、生殖系统内，能产生确切的健康功效，从而改变微生态平衡、发挥有益作用。

我们的皮肤、消化道和呼吸道内存在数以亿计的细菌，种类达四百多种，重达2千克，它们与我们的身体共存，形成一个相互制约、相互依赖的平衡体系，这就是人体的微生态系统，这个系统里的主角就是益生菌。

婴幼儿时期是免疫力建立并完善的关键期，人体75%的免疫力与肠道益生菌有关，益生菌可以抑制病菌的繁殖，产生天然的抗生素，增强身体的抗病力，还能够保护肠黏膜，减少肠渗漏，有助于从根本上改善过敏、乳糖不耐受、湿疹等问题。对于孩子来说，由于消化系统尚不完善，消化不良、腹泻、便秘、厌食等情况经常发生，还有的孩子抵抗力相对较差，常会发生细菌病毒的感染。同时，有些孩子可能经常使用抗生素，更容易发生肠道菌群失调，引起腹泻或者便秘。益生菌可以调节肠道的菌群，改善肠道菌群结构，还有利于B族维生素和维生素K的合成，提高各种营养素在肠道中的吸收和利用。特别是经常使用抗生素的孩子，在用药结束后补充一定量的益生菌，对恢复正常的免疫力、保护肠道功能非常重要。因此，如果孩子消化不太好、免疫力较低，建议给孩子适当补充益生菌，但需要选择经国家市场监督管理局认证的保健食品。

营养师教您如何选择优质益生菌

一看菌株编号

菌株编号其实就是益生菌名称后面的一串字母和数字，就好像我们的身份证。拥有益生菌菌株编号代表这种益生菌经过了大量的临床试验，其安全性和功效性都已得到证实，并且能顺利通过胃肠道，不会被胃酸杀死，最终在人体肠道安定繁殖下来。因此，购买益生菌之前建议询问一下销售人员菌株的编号，一般能明确说出来的应该都不错。

二看菌株数量

益生菌只有达到一定的活菌数量时才能发挥有效的作用，通常要达到亿级、十亿级，甚至是百亿级这样的水平才能在人体肠道内定植。研究结果表明，每天至少食用100亿活的益生菌，才能对机体起到从量变到质变的作用。

还需要注意一点，看菌株数量是看菌株的存活量而不是添加量。就算添加量很多，但因不同的工艺、不同的保存方法，最后的菌株存活率会相差数百倍。一般来说，液体状态下的益生菌非常不稳定，哪怕添加量再多，实际存活率也并不高，所以不建议选择液体状态的益生菌。片剂益生菌因为受到挤压，实际可食用菌株存活量也不高。因此，建议大家选择粉末状的益生菌，存活量相对高一些。

三看菌株种类

益生菌菌株的种类也会影响其效果。益生菌的种类较多，一般建议不要超过3种菌株。因为不同种类的益生菌发挥的作用不同，种类太多的话会引起互相竞争，不利于在肠道中定植。对于孩子来说，建议补充双歧杆菌和嗜酸乳杆菌。

四看配料

配料也很重要，有的配料能帮助益生菌更好地被人体吸收，比如说异构化乳糖，它是双歧杆菌生长最好的糖源，在小肠内不会被分解，移到大肠内可被所有双歧杆菌利用，使双歧杆菌增长占优势，抑制腐败细菌及病原菌的生长。而有的配料有可能给婴幼儿和肠道正在发病的人带来不适，例如含有甜味剂、山楂、麦仁、薏米等可能引起过敏的成分的益生菌。

有些妈妈可能经常给孩子喝益生菌饮料，其实这类饮料大多都含有很多糖分，而且饮料储存时间久，益生菌基本上已经消亡殆尽。喝这类益生菌饮料和喝糖水差不多，对健康几乎没有任何益处。

营养师的提醒

对于益生菌来说，温度越低，保存效果越好。在寒冷的季节或者比较寒冷的地区，室温保存都没有问题，但如果在南方，室温如果超过24℃，则应放入冰箱冷藏。

冲泡益生菌时一定要用温水（不超过37℃），或者放入牛奶、果汁中都可以。服用抗生素期间需要间隔2小时方可使用。

质量较好的益生菌，餐前餐后服用都可以；质量不太好的益生菌则建议餐后服用，因为餐前胃酸浓度较高，容易让益生菌失去活性。

③锌

成年人体内含锌的总量是1.5～2.5克，其中60%存在于肌肉中，30%存在于骨骼中。锌与DNA、RNA和蛋白质的生物合成有密切关系，可促进身体的生长发育，加速伤口组织的愈合，还是很多金属酶的组成成分和激活剂，被称为“生命的火花”，是人体必需的微量元素。此外，锌还影响味觉和食欲，还与男性的性功能发育有一定的关系。

缺乏锌的孩子，生长发育会变得迟缓，智力发育也会受影响，最常见的症状是食欲减退、消化不良，出现厌食、便秘以及经常口腔溃疡等，严重的还会出现异食癖，吃一些不能吃的东西，比如纸、泥土等。长期锌缺乏的孩子的免疫功能也会受到影响，细胞免疫和体液免疫的功能会下降，抗病力随之下降，容易导致反复感染，特别是呼吸道感染。另外，缺锌的孩子多头发稀黄、缺乏光泽，指甲不光滑，容易产生白点。锌缺乏对皮肤也会有影响，容易出现慢性湿疹、伤口难以愈合等，青春期的孩子容易出现痤疮。

如果确诊为缺锌，一般需要规律补充3个月，当然也可以根据身体情况定期补充。夏季孩子出汗多，锌流失也多，建议夏天给孩子补充锌，否则到了秋季就很容易出现腹泻、呼吸道感染等。补锌建议大家选择葡萄糖酸锌，吸收好、见效快，孩子吃的话可以选择水果口味，更容易接受，每天补充约5毫克即可。

不同年龄段的孩子对锌的需求量

年龄 / 岁	推荐量 / 毫克	
0.5 以下	2.0（适宜摄入量）	
0.5 ～ 1.0	3.5	
1 ～ 4	4.0	
4 ～ 7	5.5	
7 ～ 11	7.0	
11 ～ 14	10（男）	9.0（女）
14 ～ 18	12.5（男）	7.5（女）

注：该数据来源于《中国居民膳食营养素参考摄入量》。

④铁

铁是人体的必需微量元素之一，其中约70%存在于血红蛋白、肌红蛋白、血红素酶类、辅助因子及运载铁中，这些铁在体内发挥作用，所以称为功能性铁；剩下30%的铁以铁蛋白和含铁血黄素的形式存在于肝脏、脾脏、肠和骨髓的网状内皮系统中，称为储备铁。当体内缺乏铁时，储备铁就会被调动起来。

铁缺乏的孩子容易烦躁，对周围环境不感兴趣，经常疲劳乏力，脸色发黄或苍白，嘴唇没有血色，头发干枯，皮肤干燥，指甲扁平，注意力不集中，免疫力也会降低。

4个月到6岁的孩子最容易出现缺铁性贫血。在孩子的幼年时期，如果贫血没有得到及时的改善，那么到了学龄期时，即使血色素水平达到了正常，孩子的智力也会低于没有出现过贫血的孩子，甚至会影响青少年时期的学习能力。贫血对于远期智力的发育和运动能力发育有着不可逆的影响。

铁的食物来源分为植物性食物和动物性食物。植物性食物中，大枣、桂圆、菠菜等含铁较丰富，但吸收率较低，只有1%～3%；动物性食物中铁的吸收率可达30%左右，牛肉、羊肉、猪肝等都富含铁。

铁补充剂建议选择亚铁，能够明显改善缺铁性贫血。有些铁剂口感较差，吃了容易发生呕吐，所以要给孩子挑选一款口感好、对肠胃无刺激的。

不同年龄段的孩子对铁的需求量

年龄 / 岁	推荐量 / 毫克	
0.5 以下	0.3（适宜摄入量）	
0.5 ～ 1.0	10	
1 ～ 4	9	
4 ～ 7	10	
7 ～ 11	13	
11 ～ 14	15（男）	18（女）
14 ～ 18	16（男）	18（女）

注：该数据来源于《中国居民膳食营养素参考摄入量》。

⑤ DHA

DHA也称脑黄金，是一种对人体非常重要的不饱和脂肪酸，是神经系统细胞生长及维持的一种主要成分，是大脑和视网膜的重要构成成分。DHA在人体大脑皮质中的含量高达20%。人的记忆思维能力都取决于控制信息传递的脑细胞数量、神经连接的多少以及突出的结构和功能。当饮食中长期缺乏DHA，会对信息传递思维能力产生不良影响，从而影响孩子的智力和学习能力。

DHA除了对大脑有重要帮助之外，同时也是视网膜光受体中含量最高的脂肪，是视网膜的主要组成成分。DHA能提高视网膜对光的敏感度，改善视力，同时还能够使视网膜和大脑保持良好的联系，防止视力减退。DHA缺乏会导致弱视、近视以及更严重的视力缺陷。新的研究表明，DHA除了对大脑、眼睛有重要作用之外，还能保护心血管的健康，抑制炎症反应，降低过敏反应等。

DHA需求最旺盛的时期是在胎儿期，其次是出生后至2岁。鱼油和海藻油中均含有丰富的DHA，但建议给孩子用海藻油来补充DHA，因为鱼油中所含的EPA有降脂的功能，更适合中老年人。此外，鱼油中可能会残留少量重金属，而海藻类的植物是食物链的最底端，残留的重金属含量极低。因此，在给孩子挑选DHA时，建议优先选择海藻油。

建议每天给孩子补充不低于100毫克的DHA。有些妈妈可能会问，奶粉中已经含有DHA，还需要额外补充吗？奶粉中确实含有DHA，但是为了不影响奶粉的口感，DHA的含量相对偏低，所以仍需要额外补充。

⑥钙

钙是骨骼和牙齿的重要组成成分，也可以促进骨骼和牙齿的发育，还可以维持人体多种正常的生理功能，如调节神经系统的感应性、介导以及调节肌肉收缩等。

孩子是否需要补钙，大多数妈妈是参考血液检查中血钙的水平。其实血钙并不能代表孩子身体里钙的水平，因为身体里的血钙降低时，会动用骨骼中的钙进行平衡，保持机体对钙的需求，所以即使血钙正常，也不能说明孩子不缺

钙。更准确的检查是骨密度检查，以及通过日常饮食来综合判断，需要整体分析孩子的饮食状况和目前的生长发育情况。

饮食状况最主要是看牛奶的摄入量，1岁以内要保证每天500～800毫升的饮奶量，1～3岁保证每天400毫升以上的饮奶量，3岁以后要保证每天300毫升以上的饮奶量。如果孩子体内各项元素含量都是足够的，身高发育正常，饮奶量足够，营养也均衡，一般不需要补钙。

不少家长认为，如果孩子生长发育慢，那么就要多补钙，发育快的孩子则不用考虑补钙的问题。这个想法也是错误的，越是长得快的孩子越要考虑，在快速生长发育阶段，钙是否充足，是否存在着营养透支。因为在生长发育阶段，身体会调动所有的营养去满足身体发育的某个需求，那么就会影响到其他部位的钙量。此时如果没有补充足够的钙，孩子很可能就会缺钙。

补钙的最佳时间是晚上，可以晚餐随餐或者睡觉前补充钙片。服用钙片时，建议与喝牛奶分开进行。因为牛奶富含钙，如果再补充钙片，过多的钙难以消化吸收，牛奶中的脂肪也会影响钙的吸收。一般间隔1小时以上即可。

关于钙片，建议大家优先选择添加了维生素D以及镁的钙片。维生素D可以促进钙的吸收，镁和钙有着协同的作用，在合适的比例下，都有助于钙的吸收。此外，钙在自然界是和铅共存的，质量不好的钙有残留铅的风险，所以挑选优质的钙非常重要。

⑦维生素 D

前文中提到维生素D对孩子生长发育的重要性，是一种要从小吃到老的维生素。维生素D有助于钙在小肠中的吸收，也有助于骨骼的形成中对钙的利用，同时影响磷的吸收和利用，而磷是另外一种对骨骼健康十分重要的矿物质。

维生素D缺乏会影响钙的吸收，从而影响孩子的生长发育，严重缺乏甚至会导致佝偻病。所以，孩子出生之后就要特别重视维生素D的补充。

挑选优质的维生素D，首先要认准蓝帽子标志，其次要查看维生素D的含量，每粒维生素D的含量需达到400国际单位。关于维生素D的更多知识大家可以参考第一章佝偻病的部分。

⑧儿童牛初乳

牛初乳一直以来是一种有争议的营养补充剂，我们在新闻里也有看到吃了牛初乳后起到了不好的效果。其实这不能说明所有的牛初乳都不好，只是牛初乳本身的质量参差不齐，优质的牛初乳是非常好的营养素。

牛初乳富含免疫球蛋白，免疫球蛋白是对抗病毒细菌的主要物质，能抑制呼吸系统的疾病，尤其对流感病毒有独特的预防控制效果。

牛初乳可以直接抵抗致病原，如抗肠道病毒、呼吸道病毒、大肠杆菌、霉菌等，还可以增强机体的免疫力，积极促进铁的吸收，增强肝脏解毒功能，改善胃肠功能，调节生理平衡，促进生长发育等。由此可见，牛初乳对身体是十分有利的。

有些家长可能还听说过牛初乳会导致性早熟。首先跟大家明确，目前国内外并没有研究发现牛初乳会引发早熟。来源于牛奶中的雌激素，即使在肠道不发生蛋白水解，全部吸收入血，也仅是每天自身产生的雌激素总量的0.06%，远不足以引起血浆中雌激素水平的变化。2009年国家乳品工程中心对牛初乳、牛常乳、人乳以及牛初乳粉进行了激素的监测和比对发现，牛初乳中的激素含量和牛常乳并没有差别。相同类型的激素，人乳尤其是人初乳中的含量还要高于牛常乳和牛初乳。

还有一种说法是吃牛初乳会上火。其实上火只是一种症状表现，和孩子的体质、饮食结构以及气候等均有关。很多时候，生病会产生所谓上火的表现，特别是呼吸道感染，但是并没有证据证明牛初乳本身会导致孩子上火。如果有

上火的症状，建议多喝水、多吃蔬菜水果。

在挑选牛初乳时，一定要看免疫球蛋白的含量，一般来说，免疫球蛋白含量较高的更好。

⑨儿童蛋白粉

蛋白质是人体生长发育的最基础营养素，是构成身体器官和肌肉的最基本元素，也是修复细胞制造酶的必需物质。可以说，没有蛋白质就没有生命。

儿童青少年时期，身体的新陈代谢旺盛，骨骼的发育、肌肉的增强都需要大量的蛋白质。同时蛋白质还是大脑和神经系统的主要原材料，是促进大脑和神经系统发育不可缺少的物质，肠胃系统的发育也需要蛋白质的参与。

从抗病力的角度来讲，具有抗病力的白细胞、淋巴细胞的主要成分也是蛋白质，所以蛋白质缺乏也会导致免疫力不足。

当蛋白质摄入不足时，孩子会表现为生长发育迟缓、体重不足、肌肉松弛等，严重时可能会出现水肿。

日常生活中，优质蛋白质主要来自肉、蛋、奶、豆等，包括猪肉、羊肉、鸡肉、鱼虾、蟹贝、鸡蛋、鸭蛋、鹌鹑蛋、牛奶、奶酪、芝士、豆浆、豆腐、豆皮、豆干等。家长可以多做一些富含蛋白质的食物给孩子吃，以防蛋白质缺乏。

如果在日常饮食中优质蛋白质摄入充足，孩子可不需要额外补充蛋白粉；但如果孩子生长发育状况不好，身高体重不足，免疫力低下，容易生病等，同时饮食中蛋白质摄入又不足，那么额外补充蛋白粉就非常重要了。

建议选用儿童专用的蛋白粉，如果同时包含动物性蛋白和植物性蛋白则更好。一般来说，补充蛋白粉也需要长期坚持，但因每个孩子的情况不同，建议听取医生的意见进行补充。

孩子身体的保护伞——接种疫苗

疫苗接种是为了预防将来可能得某种疾病，这就是为什么我们称之为“打预防针”。疫苗接种是促进婴幼儿免疫成熟的好办法，所以很有必要，尽量不要漏打。疫苗接种主要是预防和控制传染病，但成功率并非100%，多数疫苗的保护率大于80%，但是由于受种者个体的特殊原因和免疫力低下的因素，可能会导致接种免疫失败。不过，研究证明，即使接种疫苗以后仍得病，相对于不接种疫苗者，其患病后的临床表现也比较轻。

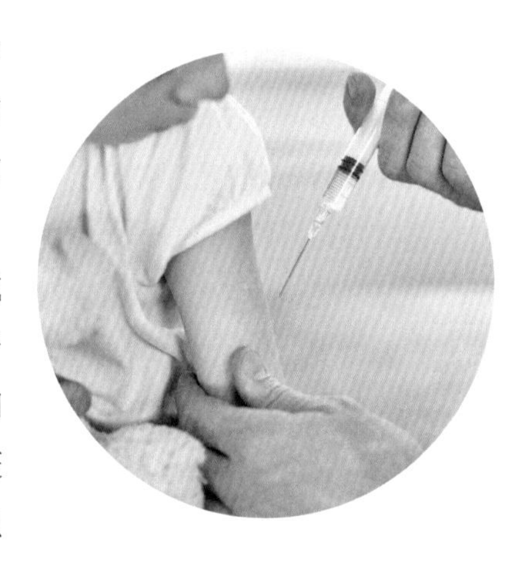

疫苗的种类

按照疫苗的成分分类

疫苗按照其成分划分，主要有灭活疫苗、减毒活疫苗、基因疫苗和亚单位疫苗等四种类型。

灭活疫苗

此类疫苗常选用免疫原性强的病原体，经人工大量培养后用理化方法灭活，使之完全丧失对原发靶器官的致病力，而保留相应的免疫原性，刺激身体产生抗体，从而保护身体。

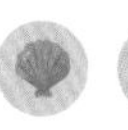

减毒活疫苗

减毒活疫苗也称类毒素疫苗。类毒素是指一些经变性或经化学修饰而失去原有毒性而仍保留其免疫原性的毒素。减毒活疫苗相当于让宝宝体内产生一次免疫反应，下次遇到同类病原体的时候，身体免疫细胞能够识别到，并且打败病毒。

基因疫苗

基因疫苗是将编码目的抗原蛋白基因序列的质粒经肌肉注射导入宿主细胞，通过转录系统表达抗原蛋白，诱导宿主产生针对该抗原蛋白的免疫应答，从而达到免疫目的的新型基因工程疫苗。此类疫苗不仅能够诱导良好的体液免疫反应，还可诱导较强的细胞免疫应答。

亚单位疫苗即通过化学分解或有控制性的蛋白质水解方法，提取细菌、病毒的特殊蛋白质结构，筛选出的具有免疫活性的片段制成的疫苗，也叫组分疫苗。亚单位疫苗仅有几种主要的表面蛋白质，可以减少疫苗的不良反应和疫苗引起的相关疾病。

按照国家接种要求分类

按照国家接种要求分类，疫苗可以分为一类疫苗和二类疫苗。一类疫苗也叫计划免疫类疫苗，是按照国家免疫规划而确定的疫苗，是免费的，是孩子出生后必须进行接种的疫苗，主要包括乙肝疫苗、卡介苗、脊髓灰质炎疫苗、百白破疫苗、麻腮风疫苗、白破疫苗、甲肝疫苗、流脑疫苗、乙脑疫苗，以及在重点地区对重点人群接种的出血热疫苗、炭疽疫苗和钩端螺旋体疫苗等；二类疫苗是指由公民自费并且自愿受种的其他疫苗，目前常用的有流感疫苗、水痘疫苗、B 型流感嗜血杆菌疫苗、口服轮状病毒疫苗、肺炎疫苗、狂犬疫苗等。

一般情况下，除非有过敏或者患有某种疾病不适合接种疫苗，建议父母在特定的阶段为孩子接种适合的疫苗，为孩子的抗病力提供保护。

疫苗接种的常见不良反应及注意事项

疫苗对我们的身体来说是一种外来物，接种后会引起免疫反应，但也可能会使身体产生一些不良反应。比较常见的是接种后24小时之内，接种部位出现红肿或疼痛，可能会伴随着发热、恶心、头晕等症状。这些症状大多是正常的免疫反应，不需要特殊处理，一般1～2天内可自行消失。也有极少数可能出现一些异常反应，例如昏厥、休克等。如果出现这种情况，应及时就医。

还有一种情况是接种疫苗后出现疫苗偶合症。疫苗偶合症是人体在接种疫苗时，某种疾病正好处于潜伏期，并没有出现明显病症，在接种疫苗后碰巧疾病的症状出现。其实偶合症的发生和疫苗的接种通常没有直接的关系，但是发生的时间刚好是在疫苗接种之后，所以经常被误以为是因为疫苗接种引起的。

疫苗接种的注意事项

- 一般来说，孩子需要在健康状态下接种疫苗。如果孩子生病了，出现发热、拉肚子、咳嗽等症状，或长期患有严重的湿疹，或是之前接种疫苗出现过严重的不良反应，都需要推迟接种，或根据医生的建议进行接种。
- 接种疫苗要在孩子清醒的状态下进行，千万不能在孩子入睡时进行。疫苗接种完后应当用棉签按住针眼几分钟，等到不出血时方可拿开棉签，不可揉搓接种部位。

- 孩子接种疫苗之后，还需留院观察30 分钟左右，确认孩子状况良好、无不良反应之后再离开。
- 接种当天不宜洗澡，尤其是接种部位不要碰到水。
- 保持接种部位皮肤清洁卫生，禁止孩子用手挠抓接种部位，以免出现局部感染或加重反应。
- 接种疫苗之后，尽量不要做剧烈运动，让孩子多休息。
- 口服减毒活疫苗（如脊灰糖丸）的前后半小时不宜吃热的食物、水、奶等，以免造成无效接种。
- 密切观察孩子，如出现接种反应，要及时与保健医生取得联系，以便在保健医生的指导下做出妥善处理。
- 让孩子吃清淡的食物，多吃新鲜蔬果，少吃或不吃刺激性食物，尽量避免食用没吃过或容易过敏的食物。

欢笑是孩子健康最好的礼物

笑可以刺激呼吸系统和血液循环，可以预防感冒等许多病症的发生，还可以缓解紧张情绪，提高抗病激素水平，增强抗病力。爱笑的孩子长大后大多性格开朗，有乐观稳定的情绪，有利于发展人际交往能力，更有利于智力发展。孩子情绪好，生长激素分泌多，有利于体格的生长发育，身体也会更健康。

情绪影响孩子的抗病力

情绪会影响孩子的抗病力，良好的情绪状态可以使身体处于最佳的抗病状态，使免疫系统发挥最大的作用。积极乐观的情绪可以预防疾病，以及帮助疾病恢复；而消极悲观的情绪会造成抵抗力下降，孩子更容易生病。

我有个朋友的小孩，他每天晚上7:00就开始咳嗽，去医院检查也找不出病因。后来父母发现，晚上7:00是孩子开始写作业的时间，而写作业这个事情给他造成了压力，所以他的咳嗽症状加重。当然这只是一个个例，每个人的情况不一样，甚至医生也无法解释为什么学习的压力会导致咳嗽，但这确实是我身边发生的一个真实案例。所以，当孩子很容易生病时，我们不妨多观察孩子的情绪状态，给孩子更多情绪上的支持。

家庭氛围很重要

家庭氛围不管对于孩子还是大人来讲，都非常重要。如果家里老是制造一种紧张焦虑的氛围，那么全家人都会不开心。如果孩子一回到家里就受到批评和指责，久而久之，孩子的身体和心理都会出现问题。因此，家长有责任去营造一个好的家庭氛围。如果孩子有些地方需要改进，可以找一个合适的时间和

孩子单独沟通，不要在全家人一起聚会的时候或者在餐桌上提出。我相信大部分的父母从小都有这样的经历，在饭桌上受到父母的批评，导致这顿饭吃得不香，心情也不好，长此以往，就会影响食欲和营养的吸收。所以，给孩子创造良好的用餐环境和温馨的家庭氛围是非常重要的。

不再追求完美，凡事适可而止

完美主义的父母对孩子的要求特别高，觉得“我能做到，为什么你就做不到”。作为父母，我们要知道，孩子正处在一个慢慢成长的过程，而在这个过程中他需要不停地跌倒才能够进步。在孩子成长的过程中，我们光讲道理是没有用的。家长们都想把自己的经验强加给孩子，让孩子少走弯路，但是有些坑孩子必须自己跳了才能够明白。孩子也需要从试错中去积累经验，让自己不断成长。

如果我们追求完美，那就把这个追求放在自己身上，而不要把它强加给孩子，不要给孩子施加额外的压力。没有人能做到十全十美，即使我们现在足够优秀，也是随着年龄的增长不断地完善自己，而不是一开始就是完美的。

善于消除压力，提升抗病力

孩子的压力太大会影响免疫力，更容易生病。我们作为父母，除了要帮助孩子补充营养之外，也要学会引导孩子去消除压力。

孩子小的时候的承受能力是非常弱的，父母要给予他们更多的理解，当孩子遇到压力的时候，要帮他们找到释放的出口。我家里有一个加重练拳击的沙袋，就是为了帮孩子释放压力的。当然，释放压力的方式有很多，我都会提前与孩子沟通，例如看到孩子出现情绪上的问题，会问他是想去吃一顿美食，还是想和小朋友一起踢一场足球，或者想自己安静地看会儿书，抑或是想和妈妈聊聊天，他可以自己选择，我也会尊重孩子的选择。随着孩子年龄的增长，可能他不太愿意跟父母沟通了，但是我们可以给他创造适合他去释放压力的环境，要让孩子知道父母永远都是爱他的，永远在他身后理解他、支持他。有了父母的理解与支持，相信孩子的身心发育会更健康。